大夏书系 | 数学教学培训用书

玩出数学脑的扑克游戏

任勇 编著

华东师范大学出版社

·上海·

图书在版编目（CIP）数据

玩出数学脑的扑克游戏 / 任勇编著. —上海：华东师范大学
出版社，2024. — ISBN 978-7-5760-5297-8

I. O1-49

中国国家版本馆 CIP 数据核字第 2024V7F046 号

大夏书系｜数学教学培训用书

玩出数学脑的扑克游戏

编　著	任　勇
策划编辑	朱永通
责任编辑	薛菲菲
责任校对	杨　坤
封面设计	淡晓库

出版发行	华东师范大学出版社
社　址	上海市中山北路 3663 号　邮编 200062
网　址	www.ecnupress.com.cn
电　话	021-60821666　行政传真 021-62572105
客服电话	021-62865537
邮购电话	021-62869887
地　址	上海市中山北路 3663 号华东师范大学校内先锋路口
网　店	http://hdsdcbs.tmall.com/

印 刷 者	北京季蜂印刷有限公司

印　张	20.5
字　数	334 千字
版　次	2024 年 10 月第一版
印　次	2024 年 12 月第二次
印　数	3 101 - 6 100
书　号	ISBN 978-7-5760-5297-8
定　价	75.00 元

出版人　　王　焰
（如发现本版图书有印订质量问题，请寄回本社市场部调换或电话 021-62865537 联系）

目　录

大 班

一年级

二年级

三年级

四年级

五年级

六年级

拓展题

序 | 让学生爱上数学的扑克游戏

　　不少学校的校长和老师得知我设计的扑克游戏很有趣，很吸引学生，同时还"很数学"——多数扑克游戏的原理源于"数学"，便想一睹我和学生玩游戏的"风采"。于是在我收到的讲座邀请中，多数都希望我能先和学生玩几个扑克游戏，让老师们观摩，然后再开始讲座。因此，从 2022 年开始，我到中小学做讲座时，便是"先玩后讲"。

　　例如，在厦门第四幼儿园做讲座前，我让幼儿园的老师找四个小朋友（两男两女）和我玩扑克游戏。园长担心我这个"中学老师"可能不了解幼儿的习性，反复交代说"小朋友的注意力只能集中 15 分钟左右"，我说"给我 20 分钟吧"。

　　20 分钟，时间非常紧张，我准备了 6 个扑克游戏："两个正方形"，小朋友们在我的启发下很快摆好了；"135 胜 246"，这个类似"田忌赛马"的游戏，没难倒他们；"斐波那契数列"，小朋友们也玩得有来有回；"先手定奇偶"，小朋友们也学会了；"找出那两张"，小朋友们玩会了，信心满满，准备回去"放倒父母"；"背后摸牌张张对"，小朋友们恍然大悟，原来如此！

　　玩完 6 个游戏，半个小时过去了，小朋友们仍然兴趣不减，双手紧抓桌子不走，大声说"再玩一个"。由于我事先以为小朋友们能玩 6 个游戏，就已经很不错了，便没有多准备游戏，于是我赶紧从脑子里"盘"出一个可以和幼儿园小朋友玩的游戏——"爸爸妈妈分开坐"，没一会儿，他们就摆成了。之后他们继续嚷"再玩一个"，我又"盘"出"反转了一张"。说实话，这个游戏曾经是一道中考题，没想到幼儿园的小朋友也能找出"反转"的那张牌。

小朋友们还是不想走，于是我说"玩最后一个"——"3张来凑10"。从某个角度说，这可以是一道适合初中生做的题。小朋友们乐此不疲地动手"凑"10。当几位幼儿园的老师用劲把小朋友们"拽"走，我似乎还听到他们问老师："任爷爷什么时候再来？"玩了45分钟，他们还流连忘返啊！

是啊，孩子天生就会在玩耍中学习。想要孩子学得好，就得让他们玩得好。

"任爷爷什么时候再来"，是我这些年和小朋友玩游戏之后，听到最多的一句话。每每听到这样的"呼唤"，我就更加坚信基于数学背景的扑克游戏，一定能让更多的孩子爱上游戏、爱上数学，"玩中学，趣中悟"地形成"数学脑"，感受"数学思维"之妙，学会用数学方法"解决问题"。

我到幼儿园和小朋友们玩扑克游戏、给老师们讲《玩出聪明娃》的事被报道后，许多学校纷纷向我"约课"，希望他们的老师都能"为思维而教"，他们的学生都能"为思维而学"，进而让学校走向"思维教育"。

消息传开后，有许多认识和不认识的家长找到我，希望我能带他们的孩子一起玩，让他们尚未"悟道数学"的孩子能尽早悟道。当得知我一时不能满足他们的要求时，他们一再期盼我能找机会和他们的孩子"聊一聊"数学，或把我的那些扑克游戏整理出来，让更多的孩子受益。我为他们的真情而感动，在心底暗暗说："一定要整理出来，并写成书！"

苏霍姆林斯基曾说："孩子们通过玩耍发现世界，展示他们的创造能力。没有玩耍，完全的智力发展是不可能的。玩耍是一扇敞开的巨大窗口，富有生命力的概念和思想由此注入孩子们的精神世界。玩耍是火花，是点燃求知欲和好奇心的火焰。"著名数学教育家马丁·加德纳曾说："唤醒学生的最好办法是向他们提供有吸引力的数学游戏、智力题、魔术、笑话、悖论、打油诗或那些呆板的教师认为无意义而避开的其他东西。"

是啊，游戏是儿童自由生命的基石！

数学与游戏密不可分。数学扑克游戏，是数学游戏中的一朵奇花。

数学是一门研究数与形的科学，而一副扑克牌中，点数、张数都是"数"，花色、图案都是"形"，正面、背面都是"迷"。将扑克牌进行千变万化的排列组合，演示神秘莫测的数学魔术，演绎妙趣横生的数学游戏，演算兴趣盎然的数学趣题，就能引发学生之兴趣，体味数学运用之魅力，激发数学学习之热情。

用数学慧眼看扑克游戏，只要用心，就一定能看出更多有趣的问题来，就一定能由此引发新的探索。正所谓："游戏的过程与数学研究的过程，高度一致！"

《数学魔术师》一书中有这样两幅插画：

一幅是儿子一手拉着爸爸，一手指向魔术师，说："这是我的数学老师。"

另一幅是儿子对爸爸说："爸爸，我长大后想成为一位魔术师。"爸爸回应："儿子，先把你的数学学好吧。"

插画中蕴含的深意，大家可以细细品读。

游戏是好玩的，数学是智慧的。用数学慧眼看游戏，游戏一定更精彩！

任　勇

2024 年 5 月 1 日

前言 | 扑克游戏，玩出了什么

一副扑克牌，竟然可以与数学有着千丝万缕的联系。

数学是一门研究数与形的学科，而扑克牌中的点数、张数可谓"数"，花色、图案可谓"形"。数与形，在 54 张扑克牌的千变万化中，演绎出神秘莫测和妙趣横生的游戏，令人兴奋、惊叹，引发好奇、兴趣，促进思维、探索。

扑克游戏以其生动的形式"娱人"，以其无穷的巧趣"感人"，以其合情的推理"智人"；扑克游戏化枯燥为妙趣，变深奥为通俗，寓原理于游玩；扑克游戏寓学于乐，寓智于趣，寓思于妙。

我们先看一个扑克游戏：

黑红法寻牌

♠ 游戏器具

一副扑克牌。

♥ 游戏玩法

表演者两手各执半数牌，牌背朝上，由左右观众抽牌。左边观众从左手抽一张牌，右边观众从右手抽一张牌，各自记住牌名。表演者为避免看见插牌情形，背对观众，双手仍各自执牌并放在身后，请左边观众把牌插入左手牌中，右边观众把牌插入右手牌中。然后面向观众，分堆抽洗法洗牌。之后把牌收起，牌面朝向自己，寻牌，找到观众抽出的牌。

（注：抽洗法洗牌，即左手持牌，牌背朝上，右手从左手牌中随机抽出部分牌，置于左手剩余牌的上方，可多次抽洗。抽洗法洗牌可以使左手底部的牌不变。）

♣ 游戏目的

让学生体验"唯一性"，学会细微观察，充分感受数学的神奇。

♦ 游戏解答

（1）把全副纸牌按照花色（黑色和红色）分成两部分。

（2）双手分开时，一手拿黑色牌，一手拿红色牌，把牌背朝上，让观众抽牌。

（3）观众插牌前表演者转身背立，伸手向后，恰好左手转向右方，右手转向左方，双手调换了方向，观众抽的牌就很自然地插入另一只手的牌中。

（4）因黑色牌中只有一张红色牌，红色牌中也只有一张黑色牌，这样就很容易找出观众抽的两张牌。

♠ 游戏拓展

本游戏也可将"黑色和红色"换成"奇数和偶数"等。

一个扑克游戏，学生（或孩子）玩出了什么？

玩出了惊喜——怎么这么神奇，玩出了兴趣——原来数学如此有趣，玩出了观察——找出那张另类的牌，玩出了想象——想象那转身后的迷人"神操作"，玩出了思维——怎么设计才能不让对方发现奥秘，玩出了分类——分出不同的"集合"类型，从而区分出不同，玩出了变式——触类旁通、举一反三，玩出了归纳——学会了总结和概括，玩出了数学——奇偶、余数、对称、质数、斐波那契数列……

老师（或家长）要如何配合？

要表现出惊喜之情——你怎么这么厉害！要表现出神奇之状——你怎么就能找出来？要表现出不信之疑——还能再玩一次吗？要表现出自嘲之态——我

还真的一时弄不明白！

学生（或孩子）从老师（或家长）的眼神和赞叹中获得了什么？

会玩扑克游戏的人，是很厉害的；"略施小计"，有智慧就能"放倒别人"；还想再研学新的游戏，不断给自己"赋能"；数学与扑克游戏，密不可分；高层次的智力满足，让自信的阳光洒满心田。

数学思维几乎在玩扑克游戏的过程中被"全覆盖"了！为什么这样说？因为扑克游戏影响着人们的数学思维品质。例如，我们从六年级的"看2知3"游戏中，感悟了思维的深刻性；从拓展题的"五打一（2）"游戏中，玩出了思维的灵活性；从二年级的"遥相呼应"游戏中，体验了思维的敏捷性；从拓展题的"蒙日洗牌法"游戏中，认识了思维的广阔性；从四年级的"2张牌编码"，练习了思维的独创性；从四年级的"数字无序化"游戏中，学习了思维的严谨性；从三年级的"4A转移"游戏中，见证了思维的批判性。

扑克游戏，有着巨大的发展空间和广阔的发展前景。

一副扑克牌，玩出孩子的未来！一副扑克牌，玩出百味来！

拿出扑克牌，开始玩起来吧！

1. 比大小

♠ 游戏器具

一副扑克牌，去掉大小王。

♥ 游戏玩法

甲乙两人手持扑克牌，牌面朝下，每轮每人各出一张，按A、2、3、4、5、6、7、8、9、10、J、Q、K的顺序比大小，胜者收牌。玩一段时间，看谁手上的牌多。

♣ 游戏目的

识别数字大小。

♦ 游戏解答

略。

♠ 游戏说明

本游戏可以三人玩，也可以四人玩。

2. 九宫放牌

♠ 游戏器具

J、Q、K各3张，下图所示的木板。

♥ 游戏玩法

把扑克牌放进 9 个方格里，让每一行、每一列都有 J、Q、K。

♣ 游戏目的

培养学生的观察能力、调整能力和思维能力。

◆ 游戏解答

答案之一：

J	Q	K
Q	K	J
K	J	Q

3. 两副牌游戏

♠ 游戏器具

两副一模一样的扑克牌。

♥ 游戏玩法

玩法 1（最简单的游戏）：甲乙两人各有一副扑克牌，各自抽洗牌后，甲从自己的牌中取一张记住牌名，然后插入乙的牌中。乙抽洗牌后，能迅速找出甲插入的那张扑克牌吗？

玩法 2（略有变化的类似游戏）：乙取部分扑克牌，甲从自己的牌中取一张记住牌名，然后插入乙的牌中。乙抽洗牌后，能迅速找出甲的那张扑克牌吗？

♣ 游戏目的

培养学生的思维能力和创新能力。

玩法 1：乙手中扑克牌有重复的那张，就是甲插入的扑克牌。

玩法 2：根据乙的部分扑克牌的"类型"判断。①乙的扑克牌为全红色，则牌中黑色或红色重复的，即是甲的牌；②乙的扑克牌为奇数，则牌中偶数或奇数重复的，即是甲的牌；③乙的扑克牌为黑桃和红心，则牌中"梅花方块"或"黑桃红心重复"的，即是甲的牌；④乙的扑克牌为除 3 余 1 的（A、4、7、10、K），则牌中"非除 3 余 1"或"除 3 余 1 重复"的，即是甲的牌……

4. 两个正方形

♠ 游戏器具

4 张扑克牌。

♥ 游戏玩法

将 4 张扑克牌不重叠地摆放在桌面上，形成两个正方形。

♣ 游戏目的

培养学生的观察能力、对称意识、创新思维能力，防止思维定式。

◆ 游戏解答

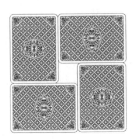

5. 巧变正方形

♠ 游戏器具

4张纸牌（略窄一点的为好）或4张扑克牌，摆出右图。

♥ 游戏玩法

移动一张纸牌，形成一个正方形。

♣ 游戏目的

培养学生的观察能力和创新思维能力，防止思维定式。

◆ 游戏解答

轻轻地将中间下面那张纸牌向下移动，让各纸牌的宽边形成一个正方形（如下图）。

6. 2张来凑5

♠ 游戏器具

一副扑克牌中的A、2、3、4。

♥ 游戏玩法

甲持黑色扑克牌，乙持红色扑克牌，甲牌面朝下随机出一张牌，乙牌面朝上"凑"一张能和甲出的牌加起来为5的牌。例如，甲出3，则乙"凑"上2。然后，乙出牌，甲来"凑"。甲乙轮流进行。

♣ 游戏目的

学会5的分解。

♦ 游戏解答

略。

♠ 游戏说明

可以根据学生的情况，进行"两张来凑6"等游戏，若"凑6"，则要给出一副扑克牌中的A、2、3、4、5。以此类推。

7. 凑相邻数

♠ 游戏器具

一副扑克牌，去掉大小王和J、Q、K。

♥ 游戏玩法

甲持黑色扑克牌，乙持红色扑克牌，甲牌面朝下随机出一张牌，乙牌面朝上"凑"一张能和甲出的牌称为相邻数的牌。例如，甲出A，则乙"凑"上2；甲出6，则乙"凑"上5和7（有2个相邻数的，要"凑"上2张）。然后，乙出牌，甲来"凑"。甲乙轮流进行。

♣ 游戏目的

学会理解相邻数。

♦ 游戏解答

略。

8. 反向跟牌

♠ 游戏器具

每人一副扑克牌。

♥ 游戏玩法

老师先指导学生识别扑克牌中"中心对称的牌"和"非中心对称的牌",然后随机抽出一张牌展示给学生看,学生"反向跟牌":若老师给出一张"中心对称的牌",学生就给出一张"非中心对称的牌";若老师给出一张"非中心对称的牌",学生就给出一张"中心对称的牌"。

♣ 游戏目的

培养学生的观察能力,感受中心对称和非中心对称。

♦ 游戏解答

下面左图为"非中心对称的牌",右图是"中心对称的牌"。

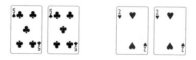

一副扑克牌中"非中心对称"的牌有24张:黑桃、红心和梅花的A、3、5、6、7、8、9,方块7,大王,小王。

9. 花色与点数

♠ 游戏器具

一副扑克牌,去掉大小王。

老师或学生从扑克牌中任取 2 张牌 X、Y，其中 X、Y 不能同花色，也不能同点数。从扑克牌中迅速找出 2 张牌，要求一张与 X 同花色且与 Y 同点数，另一张与 X 同点数且与 Y 花色。看谁找得快。

♣ 游戏目的

培养学生的观察能力、想象能力和快速反应能力。

◆ 游戏解答

举例：

X Y 与 X 同花色且与 Y 同点   与 X 同点数且与 Y 同花色

10. JQK 来照相

♠ 游戏器具

一副扑克牌中同花色的 J、Q、K。

♥ 游戏玩法

J、Q、K 来照相，有多少种不同的排列方法？

♣ 游戏目的

初学分类和排列。

JQK、JKQ、QJK、QKJ、KJQ、KQJ，共 6 种不同的排列方法。

11. 切牌寻牌

♠ 游戏器具

一副扑克牌。

♥ 游戏玩法

表演者将一副洗过的扑克牌摆放在桌面上，请观众切一部分牌放在旁边，然后将剩余牌的最上面的一张牌取出，记住这张牌，放在刚才的切牌上，最后再把剩余的整叠牌放在切牌上。表演者拿过牌后能找出观众记住的那张牌。你知道其中的奥秘吗？

♣ 游戏目的

培养学生的想象能力和推理能力，感受"小机灵"之趣。

◆ 游戏解答

这个游戏的奥秘在于表演者在洗牌时要偷瞥一眼牌底的那张牌，观众切牌、记牌、放牌后，表演者拿回寻牌，牌面朝向自己，偷瞥一眼的那张牌的前面一张，就是观众记住的那张牌。

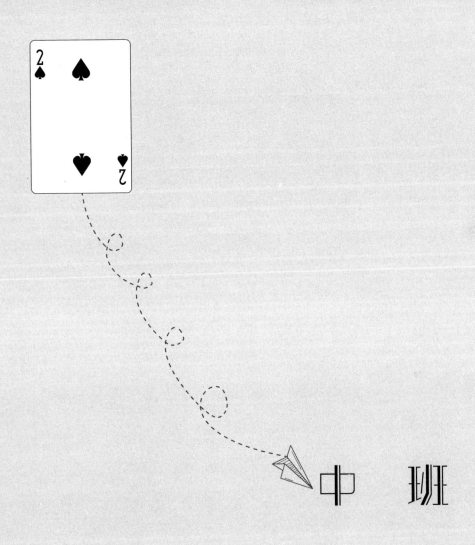

中 班

1. 2 张来凑 10

♠ **游戏器具**

一副扑克牌，去掉大小王和 10、J、Q、K。

♥ **游戏玩法**

甲持黑色扑克牌，乙持红色扑克牌，甲牌面朝下随机出一张牌，乙牌面朝上"凑"一张能和甲出的牌加起来为 10 的牌。例如，甲出 3，则乙"凑"上 7。然后，乙出牌，甲来"凑"。甲乙轮流进行。

♣ **游戏目的**

学会 10 的分解。

◆ **游戏解答**

略。

2. 点数与张数

♠ **游戏器具**

如右图所示的 6 张扑克牌。

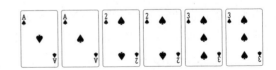

♥ **游戏玩法**

把 6 张扑克牌排成一行，使得两个 A 之间有 1 张牌，两个 2 之间有 2 张牌，两个 3 之间有 3 张牌。

培养学生的推理能力和调整能力。

♦ 游戏解答

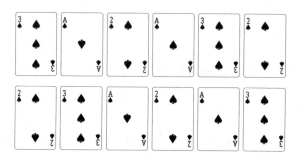

♠ 游戏说明

本游戏也可以先给出答案中的图形排列，请学生找出排列规律。

3. 翻开是2

♠ 游戏器具

同花色扑克牌 A、2、3（如右图）。

♥ 游戏玩法

甲将 3 张扑克牌打乱，牌背朝上，排成一行（如下图）。乙问甲："$a+b$ 是单数，还是双数？"若甲答"双数"，乙便知道"红心 2"是哪张。若甲答"单数"，乙继续问："$b+c$ 呢？"甲回答后，乙就能知道"红心 2"是哪张。

乙是如何知道的呢?

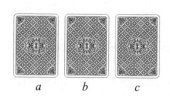

a b c

♣ 游戏目的

强化奇偶意识，培养学生的分析能力和推理能力。

◆ 游戏解答

若 $a+b$ 为双数，则 c 为 "红心 2"。

若 $a+b$ 为单数，则 a、b 中有且只有一个双数：当 $b+c$ 为单数时，则 b、c 中有且只有一个双数，则 b 为 "红心 2"；当 $b+c$ 为双数时，则 b、c 都是单数，则 a 为 "红心 2"。

4. 梅花儿

♠ 游戏器具

一副扑克牌中的所有梅花牌，并将其摆成右图。

♥ 游戏玩法

仔细观察所能看到的牌，说出中间背面朝上的那张牌的牌面是什么。

♣ 游戏目的

培养学生的观察能力、想象能力和推理能力。

◆ 游戏解答

梅花 5。

5. 3 张来凑 5

♠ 游戏器具

一副扑克牌中所有的 A、2、3、4。

♥ 游戏玩法

甲持黑色扑克牌，乙持红色扑克牌，甲牌面朝下随机出一张牌，乙牌面朝上"凑"两张能和甲给出的牌加起来为 5 的牌。如甲出 3，则乙"凑"上 A、A。然后，乙出牌，甲来"凑"。甲乙轮流进行。

♣ 游戏目的

学会 5 的分解，体验开放题的答案"不唯一"，初识"分类"和"无解"。

♦ 游戏解答

先给 A，后给 A+3，或 2+2；先给 2，后给 A+2；先给 3，后给 A+A；先给 4，无解。

♠ 游戏说明

本游戏可以拓展到"不限张数"，或"3 张来凑 7"等。

6. 是 A 还是 2

♠ 游戏器具

黑桃 A（表示 1）和黑桃 2 各一张。

♥ 游戏玩法

蒙住甲的眼睛，乙将牌牌背朝下，左右各放一张，让乙将左边牌的点数加一倍，然后加上右边牌的点数，报出是奇数还是偶数，甲能准确地猜出左右两张扑克牌各是哪张。

♣ 游戏目的

培养学生的奇偶分析能力和推理能力。

◆ 游戏解答

设左边牌的点数为 x，右边牌的点数为 y。

若 $2x+y$ 为奇数，则 y 为奇数，$y=1$；若 $2x+y$ 为偶数，则 y 为偶数，$y=2$。

♠ 游戏说明

乙将左边牌的点数乘以偶数，将右边牌的点数乘以奇数，报出左右得数的和是奇数还是偶数，甲同样可以准确地猜出这两张扑克牌。

7. 数字卡片

♠ 游戏器具

红心和方块的 A、2、3、4、5、6，共 12 张扑克牌。

♥ 游戏玩法

将 12 张扑克牌排成 4 列，每列 3 张，使得任意两列恰好有一个共同的数字。

♣ 游戏目的

培养学生的观察能力、分析能力和推理能力。

◆ 游戏解答

答案之一：

♠ 游戏拓展

红心和方块的 A，2，3，…，10，共 20 张扑克牌。要求排成 5 列，每列 4 张，使得任意两列恰好有一个共同的数字。

答案之一：

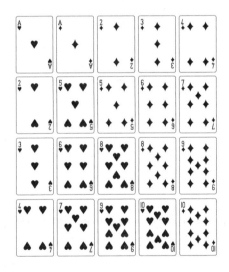

8. 找规律

♠ 游戏器具

一副扑克牌，用其中的几张摆成下图。

♥ 游戏玩法

请根据扑克牌的摆放规律，说出最后盖住的那张扑克牌是什么。

♣ 游戏目的

培养学生的观察能力和推理能力。

◆ 游戏解答

点数：自然数数列；花色："桃心梅方"循环（周期）。

9. 各不同行

♠ 游戏器具

任意 25 张扑克牌。

♥ 游戏玩法

把 25 张扑克牌摆成 5×5 的方阵，使每行、每列、每条对角线上有且只有一张牌正面朝上。

♣ 游戏目的

培养学生的观察能力和分析能力。

答案之一：

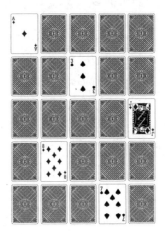

10. A234 大家族

♠ 游戏器具

一副扑克牌中同花色的 A、2、3、4。

♥ 游戏玩法

A、2、3、4 来排队，共有多少种不同的排队方法？

♣ 游戏目的

培养学生的专注力，初学分类和排列。

◆ 游戏解答

共 24 种：

A234，A243，A324，A342，A423，A432；

2A34，2A43，23A4，234A，24A3，243A；

3A24，3A42，32A4，324A，34A2，342A；

4A23，4A32，42A3，423A，43A2，432A。

大班

1.5 张牌争上游

♠ 游戏器具

一副扑克牌。

♥ 游戏玩法

（1）甲乙两人各抽一张牌比大小，大者先摸牌先出牌。

（2）洗牌后两人轮流各摸 5 张牌，先摸牌者先出牌。

（3）每一轮"吃牌"的原则：单牌大小为 345678910JQKA2 小王大王；两张数字相同的牌（即对子）的大小与单牌类似，但大小王不成对；三张数字相同的牌的大小也与单牌类似；数字连续三张及以上为"接龙"（如 456、4567、56789 等），连续两个对子也可称为"接龙"（如 5566，但"接龙"之顶为 A，即 KA2、AA22 不算"接龙"），四张一样的牌为"炸弹"；可以"吃进"前面的牌，前提是没有人反"炸"，最大"炸"者最后"吃进"这一轮的所有牌。

（4）每轮结束后，按胜者先摸牌、轮流摸牌补至每人有且仅有 5 张牌（摸到桌上没牌时，就不再补充牌了，最后一次摸牌后，可能手头牌数不足 5 张），胜者先出牌，继续游戏。

（5）每一轮的胜者把这轮出过的牌放在自己这一侧作为"战果"，当某一方最后手中无牌时，各自统计"战果"张数，张数多者胜。

♣ 游戏目的

培养学生的对策意识和思维能力。

◆ 游戏解答

略。

本游戏也可以三人进行。

2. 6 张扑克牌

♠ 游戏器具

6 张扑克牌：A、2、3、4、5、6。

♥ 游戏玩法

将 6 张牌摆成一个圆圈，但是大小差 1 的牌不能相邻，如 2 和 3 不能相邻。3 和 5 也不能相邻。

♣ 游戏目的

识别数字大小和相邻数，让学生学会分析、推理。

♦ 游戏解答

以 3 为例。3 的两边不能放 2、4 和 5，所以只能放 A 和 6，这样就有 3 张牌的位置固定了。剩下的 2、4 和 5，4 和 5 不能相邻，所以一定要由 2 隔开，故 6 后放 4，A 后放 5（如右图）。

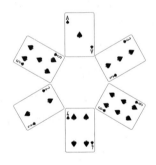

3. 爸爸妈妈分开坐

♠ 游戏器具

黑桃 A、2、3、4，红心 A、2、3、4，共 8 张扑克牌。

♥ 游戏玩法

有四家小朋友的爸爸妈妈相约一起共进晚餐，在入席时有人提议，为了加强交流，要求男女间隔而坐，并且没有一对夫妻是相邻而坐的。我们用黑桃表示爸爸，红心表示妈妈，两个A（或2，或3，或4）表示一对夫妻。有几种"分开坐"的方法？

♣ 游戏目的

让学生初步体验"退下来"和"跃上去"，初步感受"圆排列"，培养合情推理策略。

◆ 游戏解答

要直接解决四对夫妻间隔就座的问题，有点困难。我们可以"退下来"，当然，目的是要"跃上去"。具体方法是：

一对夫妻围坐，不可能不相邻而坐（如图1）。

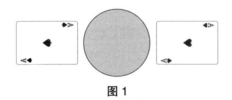

图1

两对夫妻围坐，也不可能不相邻而坐，因为两位女士就座后，再安排一位男士入座，必与其中的一位女士为夫妻（如图2）。

三对夫妻围坐，当女士就座后，男士就座只有1种方法（如图3）。

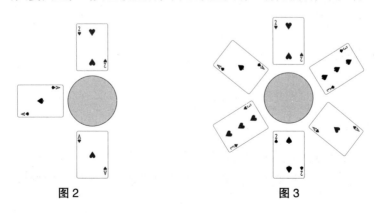

图2　　　　　　　　　图3

四对夫妻围坐，当女士就座之后，男士有两种坐法，如图 4。

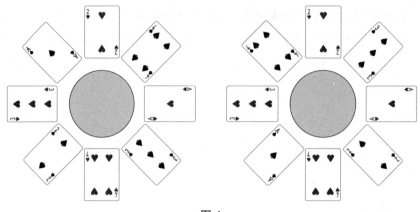

图 4

♠ 游戏说明

我们先安排女士就座。女士们可以坐奇数号座，也可以坐偶数号座。如果选定了坐奇数号（偶数号同理），第一位女士就座时有 4 种选择，第二位女士有 3 种选择，第三位女士有 2 种选择，剩下的一个位置让第四位女士就座。这样，我们得到女士就座共有 $2 \times 4 \times 3 \times 2 \times 1 = 48$ 种可能。

这样，按照"规定"的坐法，四对夫妻围坐共有 $48 \times 2 = 96$ 种方法。

当然，学生摆出一两种方法就可以了。

4. 背后摸牌张张对

♠ 游戏器具

一副扑克牌。

♥ 游戏玩法

表演者把整副牌交给观众洗牌，拿回后放在身后，说"我已摸出一张'黑桃 A'"，然后把整副牌拿出，所摸牌牌面朝向观众，观众看后说"是"。第二次再将牌放在身后摸，说这次摸出的是"红方5"，观众说"是"。这样连摸出许多张牌，甚至把整副牌摸完，张张都摸得对。

♣ 游戏目的

培养学生的动手能力、记忆能力和想象能力，体验益智小技巧之趣。

◆ 游戏解答

（1）当观众洗完牌后，表演者拿回牌时偷看一个面牌。假设面牌是"黑桃A"。

（2）牌放在身后，把这张面牌"黑桃A"背对背放到牌背上（如图1），表演者装作摸牌猜想的样子。

（3）把"黑桃A"牌面朝向观众。因"黑桃A"是已知牌，所以表演者能说出牌名来（如图2）。

（4）此时其他的牌全部牌面正向表演者，第二张面牌"方块5"也早已露在表演者的眼前，表演者就知道第二张摸出的是什么牌（如图3）。

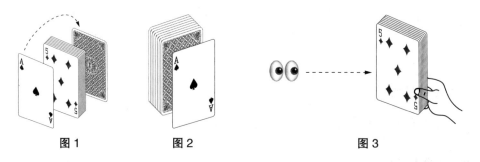

图1   图2   图3

（5）表演者再将整副牌放在身后，把"方块5"（即刚看到的牌）转放到牌背，压在"黑桃A"上，牌面向外。

（6）再把整副牌拿到身前，把"方块5"面向观众，同时表演者看面向自己的那张牌是什么，第三次就可说出牌名来。

（7）如此循环便可"随意"抽许多牌，一张也不会摸错。

5. 反转了一张

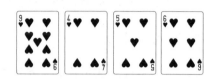

♠ 游戏器具

4张扑克牌，排列如右图。

♥ 游戏玩法

（1）老师让学生看上图，过了一会儿，老师说："我把4张扑克牌中的一张反转了一次（见图1），你能说出是哪一张扑克牌吗？"

（2）过了一会儿，老师又说："我现在把这4张扑克牌中的一张又反转了一次（见图2），你能说出是哪一张扑克牌吗？"

老师反转牌时，学生要转过身。

图1   图2

♣ 游戏目的

让学生感受中心对称，培养观察能力。

◆ 游戏解答

（1）红心5；（2）红心4。

6. 斐波那契数列

♠ 游戏器具

如下图所示的6张扑克牌。

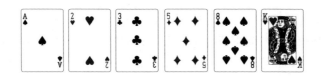

♥ 游戏玩法

将 6 张扑克牌牌面朝下洗牌，观众从中任意抽取两张，将抽到的两张扑克牌点数之和告诉表演者，表演者就能说出这两张扑克牌的牌面。你能成为表演者吗？

♣ 游戏目的

让学生体验"都不相等"，初步感受数列和周期，初识"递推"和"完全和"，培养学生的记忆能力和推算能力。

◆ 游戏解答

图中 6 张扑克牌点数是斐波那契数列第 2—7 项的数字：1，2，1+2=3，2+3=5，3+5=8，5+8=13（K 即 13）。表演者需要给这 6 个数一个花色"记忆规定"，如上图依次为"桃心梅方桃心"，即"黑桃、红心、梅花、方块、黑桃、红心"，目的是不让观众发现"秘密"。

斐波那契数列中的任意两个数的和是唯一的（即"都不相等"），这就为"倒推"创造了条件，如观众抽的两张牌的和为 16，表演者可以推出是 3 和 K，结合"桃心梅方桃心"之"记忆规定"，就能迅速推出两张牌是梅花 3 和红心 K。

♠ 游戏拓展

从 n 个数中任选 m（$n \geq m$）个数求和，如果和都不相等，这个和在数学魔术界被称为"完全和"。

为了给游戏增加"悬念"，我们可以在本游戏的基础上进行创新：

（1）牌背都朝上，将这 6 张牌事先放在一副扑克牌的上端，交叉洗牌法洗牌后，请观众从这副扑克牌的上端取出 6 张牌，之后的玩法同上。

（注：交叉洗牌法，即左、右手各拿大致相等的牌数，每只手都将手中的牌弯成弓形，然后使两手的牌尽量逐张交错落在桌子上，使两部分牌对插起来。

交叉洗牌法可使某叠牌顶部或底部的牌不变。)

（2）请四位观众任意取牌，求 4 张牌的总和，表演者可以说出这 4 张牌的牌面。比如，观众报总和是 28，因为 6 张牌的总和是 32，求差得 4，4=1+3，1、3 未选，故观众选的 4 张牌为红心 2、方块 5、黑桃 8、红心 K。

（3）也可以请三位观众取牌，求 3 张牌总和，但有两种情况例外，即 16=1+2+13=3+5+8。此时我们要做一点"变通"——请观众先从 6 张牌中翻开 1 张，再从牌背朝上的 5 张中任选 3 张，这样就可避免出现两种情况了。

（4）还可以玩"补集"。斐波那契数列第 2—7 项关于 14 的补集是 ｛13，12，11，9，6，1｝=14-｛1，2，3，5，8，13｝，这样就可以避免遭到熟悉斐波那契数列的观众的质疑。比如，"补集"的 2 张牌的和是 17，14+14-17=11，11=3+8，14-3=11，14-8=6，若"补集"约定"桃心梅方"周期，则这两张牌是梅花 J 和黑桃 6。

（5）如果规定：红色牌是负数，黑色牌是正数，观众任意取 2 张，其和也是"完全和"：-18，-15，-12，-10，-7，-5，-4，-2，-1，1，3，4，6，9，11。这样，我们就可以设计一个新的游戏。比如，观众任取两张牌的和为 -10，表演者根据 -10=-13+3 和"桃心梅方"的周期规定，可推出观众选的两张牌为梅花 3 和红心 K。

（6）有了"完全和"概念后就可以设计更多的游戏。比如，表演者给出 5 张牌，观众任取两张求和，表演者结合自己的"花色约定"就能推出这两张牌的牌面。

表演者用的 5 张牌也可以由斐波那契数列第 2—7 项关于 13 的补集形成，即 13-1=12，13-2=11，13-3=10，13-5=8，13-8=5，13-13=0，除去"0"后的 5 张牌是 5、8、10、J、Q。

（7）给出 A，2，3，5，8，K，K，8，5，3，2，A 共 12 张牌，从中间分割，观众进行一次交叉洗牌。观众和表演者从上到下各取一半的牌，各自的 6 张牌一定都包含 A，2，3，5，8，K。

具体玩法：表演者将这 12 张按上面的顺序置于一副牌的顶部，交叉洗牌后，牌背朝上，从上到下，观众先取 6 张，表演者再取 6 张，观众给出一张，表演者就"配对"，6 张都能"配对"上。

注：这些创新的游戏，可能要和三年级以上的学生玩。

7. 黑红法寻牌

♠ 游戏器具

一副扑克牌。

♥ 游戏玩法

表演者两手各执半数牌，牌背朝上，由左右观众抽牌。左边观众从左手抽一张牌，右边观众从右手抽一张牌，各自记住牌名。表演者为避免看见插牌情形，背对观众，双手仍各自执牌并放在身后，请左边观众把牌插入左手牌中，右边观众把牌插入右手牌中。然后面向观众，分堆抽洗法洗牌。之后把牌收起，牌面朝向自己，寻牌，找到观众抽出的牌。

♣ 游戏目的

让学生体验"唯一性"，学会细微观察，充分感受数学的神奇。

◆ 游戏解答

（1）把全副纸牌按照花色（黑色和红色）分成两部分。

（2）双手分开时，一手拿黑色牌，一手拿红色牌，把牌背朝上，让观众抽牌。

（3）观众插牌前表演者转身背立，伸手向后，恰好左手转向右方，右手转向左方，双手调换了方向，观众抽的牌就很自然地插入另一只手的牌中。

（4）因黑色牌中只有一张红色牌，红色牌中也只有一张黑色牌，这样就很容易找出观众抽的两张牌。

♠ 游戏说明

本游戏也可以将"黑色和红色"换成"奇数和偶数"等。

8. 花色寻数

♠ **游戏器具**

3 张红色、1 张黑色扑克牌。

♥ **游戏玩法**

甲将 4 张扑克牌打乱，牌背朝上，排成一行（如下图）。乙问："a 与 b 是同色还是不同色？"之后，乙再问："b 与 c 是同色还是不同色？"

乙问了两次后，就知道"黑色"是哪张牌了。

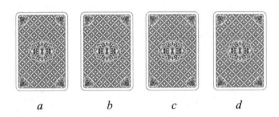

a b c d

♣ **游戏目的**

培养学生的想象能力、分析能力和推理能力。

♦ **游戏解答**

第一问：若 a 与 b 为同色，则 a、b 都是红色，c、d 之一为黑色。第二问：若 b 与 c 为同色，则 d 为黑色；若 b 与 c 为不同色，则 c 为黑色。

第一问：若 a 与 b 为不同色，则 a、b 之一为黑色，c、d 都是红色。第二问：若 b 与 c 为同色，则 a 为黑色；若 b 与 c 为不同色，则 b 为黑色。

9. 能知牌点

♠ **游戏器具**

一副扑克牌，去掉 J、Q、K 和大小王。

♥ **游戏玩法**

表演者将洗好的牌牌面朝上披开，背对观众，请观众任取两张，然后牌面朝下放在桌上。表演者面向观众，手持余牌，将牌一张一张牌面朝下放在桌上，当手里剩两张牌时，就能迅速报出观众所抽的两张牌的点数。

♣ **游戏目的**

让学生感受整体和广义对称，体验"凑 10"之妙。

◆ **游戏解答**

表演者手持余牌，牌面朝向自己，将所有牌点之和是 10 或 10 的倍数的牌朝下放时，建议成对放，如（1，9），（2，8），（3，7），（4，6），（5，5），（10，10），当最后剩下两张牌时，就可以推出观众所抽的两张牌的点数。比如，剩下（3，5），则观众所抽的两张牌的点数是（7，5）；剩下（10，6），则观众所抽的两张牌的点数是（10，4）。极端情形下，若最后剩下（4，6），观察一下桌上明牌有几张 10，若只有 2 张，则观众抽的两张牌的点数是（10，10）；若桌上明牌已经有 4 张 10，则观众抽的两张牌的点数是（6，4）。

10. 扑克牌的分类

♠ **游戏器具**

一副扑克牌，去掉大小王。

♥ 游戏玩法

按照自己的分类标准，给扑克牌分类，看谁分的类多。

♣ 游戏目的

初识集合与分类。

◆ 游戏解答

去掉大小王的扑克牌可以有不同的集合：黑色与红色，桃心梅方，大于 7 与小于或等于 7，有人物的与无人物的，单数与双数……

11. 切堆法寻牌

♠ 游戏器具

一副扑克牌。

♥ 游戏玩法

双手交叉洗牌，请观众抽取一张牌，记住牌名后放在牌背顶部，表演者将整叠牌从上部取一部分放在桌上，然后把余下的牌的下部整叠牌放在之前取的那堆牌上。用顺序洗牌法洗牌后，表演者将牌面朝下，由上而下逐张翻牌，找到观众抽的那张牌。

（注：顺序洗牌法，即将一副牌牌背朝上，从牌的顶部整叠拿出一部分牌放到余牌的底部，或从底部整叠拿出一部分牌放到余牌的顶部，可多次进行。顺序洗牌法，不论洗多少次，不会改变牌与牌之间的相对位置。）

♣ 游戏目的

培养学生的动手能力和观察能力，体验益智小灵巧之妙。

◆ 游戏解答

表演者洗牌时要偷瞥一下底牌，交叉洗牌法洗牌可以保持底牌不变，观众取牌后置于顶牌，经过一次"端牌"，偷瞥的那张牌就放在了观众抽的牌的上方。顺序洗牌法不改变牌的顺序，表演者将牌面朝下，由上而下逐张翻牌，看见偷瞥的那张牌后，下一张牌就是观众抽取的牌。

12. 三牌全知

♠ 游戏器具

一副扑克牌，去掉大小王。

♥ 游戏玩法

全副牌去掉大小王，计 52 张。表演者将手中的牌逐张向桌上放，分成六七叠，每叠的牌数不相同。放在桌上的牌，牌面都向上。

将每叠牌翻身，使牌面向下。表演者背对观众，观众自由挑选三叠牌留在桌上，每叠牌横向从左到右铺开。表演者转身看一眼，说出这三行的第一张牌的点数。

♣ 游戏目的

培养学生的运算能力和归纳能力，感受数学之妙趣。

◆ 游戏解答

（1）把每叠牌的点数凑成象征性的 13 数。例如，放下的牌第一张是 K，K 当 13 点，不加牌。若第一张是 Q，Q 当 12 点，加 1 张，凑成 13 数，实际是两张牌当 13 数。J 当 11 点，加 2 张，三张牌当 13 数。以此类推，10 加 3 张，9 加 4 张，8 加 5 张，7 加 6 张，6 加 7 张，5 加 8 张，4 加 9 张，3 加 10 张，2 加 11 张，A 加 12 张。不管分成多少叠，把手中的牌放完为止。如最后留下的几张牌不能凑成一叠，另放一处。

（2）放牌时，牌面向上。每叠牌的第二张压在第一张上面，第三张压在第二张上面，使每叠牌都凑成 13 数（图 1）。然后将每叠牌的牌背朝上，原来的最后一张牌就变成第一张（图 2）。

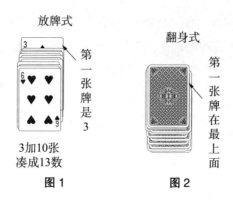

图1 图2

（3）不论观众选哪三叠，表演者都能说出结果。

推演过程如下：

设三叠牌顶牌的三个数分别为 x、y、z，则三叠牌除顶牌外的牌数分别为 $13-x$、$13-y$、$13-z$，三叠牌的牌数分别为 $1+(13-x)=14-x$、$1+(13-y)=14-y$、$1+(13-z)=14-z$。

表演者看一眼某行的牌数，比如第一行是 n，则 $n=14-x$，$x=14-n$。也就是说，表演者只要用 14 减去每行的牌数就是第一张牌的点数。

注意：第一张不放 K，以免引起怀疑。此外，放牌动作要快，让观众觉得牌是随意放的。

13. 3 张来凑 10

♠ 游戏器具

一副扑克牌，去掉大小王和 10、J、Q、K。

♥ 游戏玩法

甲持黑色扑克牌，乙持红色扑克牌，甲牌面朝下随机出一张牌，乙牌面朝上"凑"两张能和甲出的牌加起来为 10 的牌。如甲出 3，则乙"凑"上 A、6，或 2、5，或 3、4。然后，乙出牌，甲来"凑"。甲乙轮流进行。

♣ **游戏目的**

学会 10 的分解，体验开放题的答案"不唯一"，初识"分类"和"无解"。

◆ **游戏解答**

甲出 A，乙"凑"A+8，或 2+7，或 3+6，或 4+5；

甲出 2，乙"凑"A+7，或 2+6，或 3+5，或 4+4；

甲出 3，乙"凑"A+6，或 2+5，或 3+4；

甲出 4，乙"凑"A+5，或 2+4，或 3+3；

甲出 5，乙"凑"A+4，或 2+3；

甲出 6，乙"凑"A+3，或 2+2；

甲出 7，乙"凑"A+2；

甲出 8，乙"凑"A+A。

甲出 9，无解。

14. 先手定奇偶

♠ **游戏器具**

一副扑克牌。

♥ **游戏玩法**

玩法 1：给出黑色和红色扑克牌各 3 张，黑红相间排列（如图 1）。将这 6 张扑克牌按序收起，牌背朝上，顺序洗牌法洗牌后，牌背朝上，按序铺在桌上（如图 2）。表演者和观众轮流取牌，每次只能从两边取。取三轮。表演者表示，只要自己先取，就能取到同色的牌。

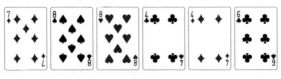

图 1

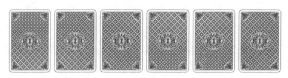

图 2

玩法 2：取出 8 张扑克牌，暗中排成奇数位上的牌点之和与偶数位上的牌点之和相等（如图 3）。将这 8 张扑克牌按序收起，牌背朝上，顺序洗牌法洗牌后，牌背朝上，按序铺在桌上（如图 4）。表演者和观众轮流取牌，每次只能从两边取，取四轮。表演者表示，只要自己先取，取的牌的点数之和一定与观众取的牌点数之和相等。

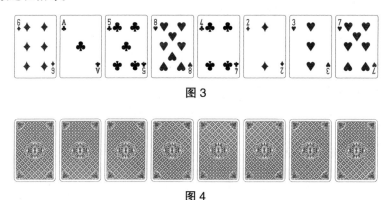

图 3

图 4

♣ 游戏目的

培养学生的奇偶分析能力，感受数学的神奇。

◆ 游戏解答

奇偶位置原理：将一叠偶数张牌排成一行，双方轮流取牌，每次只能从两边取。如果开始取的牌是第一张牌，那么之后所取的牌会一直是奇数位置上的牌；如果开始取最后一张牌，那么之后取的牌就是偶数位置的牌。

以 8 张牌为例，假设牌背为奇偶奇偶奇偶奇偶。

表演者若取"奇"，则余下 7 张为偶奇偶奇偶奇偶。观众只能取"偶"，表演者就取观众取的那张牌相邻的"奇"，以此类推。

表演者若取"偶"，则余下 7 张牌为奇偶奇偶奇偶奇。观众只能取"奇"，表演者就取观众取的那张牌相邻的"偶",以此类推。

15. 找出那两张

♠ 游戏器具

一副扑克牌。

♥ 游戏玩法

表演者把一副扑克牌整齐叠好放在桌上,观众从这副扑克牌上端拿出一叠(三分之一左右),记住底下那张牌后放在一侧,再从原来那叠扑克牌上端继续拿出一叠(一半左右),记住底下那张牌后放在第一次拿的那叠牌上,然后把两次拿的扑克牌放回原来剩下的那叠扑克牌上,并将整副扑克牌整齐叠好,不留摆放痕迹。

表演者将整副扑克牌拿起,牌面朝自己,找出观众记住的那两张牌。

♣ 游戏目的

理解"本质不同",培养学生的记忆能力、想象能力和推理能力。

◆ 游戏解答

游戏的奥秘在于扑克牌事先被做了"手脚":上半部全是"黑色牌",下半部全是"红色牌"。观众第一次看到的是"黑色牌",后来被放到整叠"红色牌"上了;第二次看到的是"红色牌",后来被放到整叠"黑色牌"上了。

当表演者取回牌,将牌面朝向自己时,第一堆"红色牌"后的第一张"黑色牌",就是观众第一次看到的牌;第一堆"红色牌"后接着是一堆"黑色牌",这堆"黑色牌"后的第一张"红色牌",就是观众看到的第二张牌。

16. 135 胜 246

♠ **游戏器具**

如下图所示的 6 张扑克牌。

♥ **游戏玩法**

甲持三张红牌，乙持三张黑牌。两人轮流出牌比大小，黑牌先出，红牌后出，共比赛三轮，"三轮两胜制"。红牌方能胜出吗？

♣ **游戏目的**

让学生体验最佳策略，培养对策思维能力。

◆ **游戏解答**

这其实是"另类"的"田忌赛马"。红方胜出对策见右图。

17. "约定"暗号

♠ **游戏器具**

方块 A~K，共 13 张牌。

♥ **游戏玩法**

丙先回避，甲从方块 A~K 中任意抽取 2 张牌交给乙，甲指定一张牌请乙盖住，另一张牌由乙摆放。乙摆放后，请丙回来，让丙猜盖住的牌是哪张。

♣ 游戏目的

初识暗号、方位和对应，培养学生的观察能力和记忆能力。

◆ 游戏解答

这里甲就是观众，乙是助手，丙是表演者。

乙和丙事先"约定"：如下图所示，第一张图明牌位置对应 1~8，其余的图明牌位置分别对应 9~13 号牌。

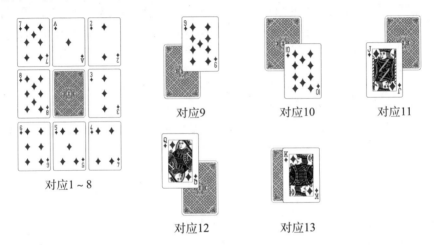

对应1～8   对应9   对应10   对应11

对应12   对应13

比如，丙看见下图（注意：与"方位"有关，与"方块 J"无关），就可以迅速猜中左图是 6，中图是 J，右图是 K。

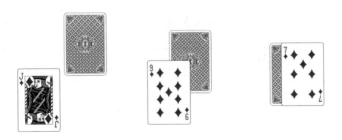

18.4 张蒙日洗牌

♠ **游戏器具**

方块 A、2、3、4。

♥ **游戏玩法**

牌背朝上，把一叠牌的第一张放在桌上，第二张放到第一张上面，第三张放在前两张的下面，第四张又放到前三张的上面，依次进行，直到洗完一叠牌，这就是"蒙日洗牌法"。

牌背朝上，从上到下，按 A、2、3、4 排序。

（1）不论洗多少次，表演者都能翻出方块 2。

（2）洗三次或六次后，把 4 张牌置于身后，观众点明要方块 A、2、3、4 中的任意一张，表演者都能准确翻出那张牌。

这是为什么？

♣ **游戏目的**

让学生体验数学实验，感受"不变量"和周期现象，培养推演能力。

◆ **游戏解答**

对于 4 张牌的变化情况，我们可以演示一下：

原始	A	2	3	4
1 洗	4	2	A	3
2 洗	3	2	4	A
3 洗	A	2	3	4

由上表可以发现：（1）不论洗几次，2 的位置始终不变，即 2 的位置是"不变量"，表演者能翻出方块 2 就不足为奇了。（2）洗牌三次，牌序复原，所以洗三次或六次，表演者就容易翻出观众所点的牌了。

♠ 游戏拓展

如果学生玩得轻松，基本能理解，教师可以和学生研究 6 张蒙日洗牌的情况。

原始	A	2	3	4	5	6
1洗	6	4	2	A	3	5
2洗	5	A	4	6	2	3
3洗	3	6	A	5	4	2
4洗	2	5	6	3	A	4
5洗	4	3	5	2	6	A
6洗	A	2	3	4	5	6

由上表可以发现：6 张蒙日洗牌中没有"不变量"，且在六次洗牌中，每个数在不同位置都只出现一次。

19. 11 和 13 交替

♠ 游戏器具

黑桃 A~10（如右图）。

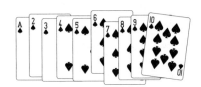

♥ 游戏玩法

把黑桃 A~10 摆成一排，使相邻的两张牌的点数之和为 11、13、11……

♣ 游戏目的

培养学生的运算能力，感受"一题多解"和"无解"。

◆ 游戏解答

共有两种情况。

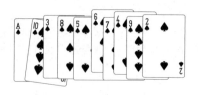 

如果将 3 排在第一位的话，会出现"无解"的情况。如：

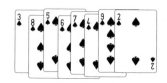

20. 几元几角

♠ **游戏器具**

一副扑克牌的 A~9。

♥ **游戏玩法**

两人轮流摸牌，分别摸 2 张牌，对应元或角。谁组成的价格大谁获胜。

举例：猜拳决定谁先摸牌，如果 A 同学摸到的是 3，3 明显是一个比较小的数字，那么 A 同学就需要考虑把 3 放在十分位上，对应角；B 同学抽牌，抽到了 8，因为比较大，所以适合放在个位，对应元，第一轮抽牌结束。再进行第二轮抽牌，最终比较两个数组成的小数谁大，大的为获胜的一方。

♣ **游戏目的**

初识概率，感受对策。

◆ **游戏解答**

略。

♠ 游戏说明

　　幼儿园的小朋友玩此游戏时，可以让摸出的 2 张牌分别对应个位数或十位数。比如第一次摸到 3，对应个位数；第二次摸到 7，对应十位数。这样，这 2 张牌对应的就是 73 元。

21. 甲知道了

♠ 游戏器具

　　如右图所示的扑克牌。

♥ 游戏玩法

　　老师告诉甲自己准备拿走的那张牌的点数，甲表示知道老师拿走的是哪张牌。老师拿走的是哪张牌？

♣ 游戏目的

　　培养学生的观察能力和逻辑思维能力。

♦ 游戏解答

　　如果老师拿走的牌的点数有 2 张以上，甲就不会知道老师拿走的是什么牌，甲之所以知道，是因为老师告诉他的点数是"只有一个点数"的那张，即黑桃 Q。

22. 乙知道了

♠ 游戏器具

　　如右图所示的扑克牌。

老师告诉甲自己准备拿走的那张牌的点数，甲说不知道是哪张。然后老师告诉乙自己准备拿走的那张牌的花色，乙说知道是哪张牌了，甲说他也知道了。老师拿走的是哪张牌？

♣ **游戏目的**

培养学生的观察能力和逻辑思维能力。

◆ **游戏解答**

每个点数的牌都有 2 张，所以甲不会知道老师拿走的是什么牌。乙之所以知道，是因为老师告诉他的花色是"只有一个花色"的那张，即黑桃 Q。

23. 四猜一

♠ **游戏器具**

任意 4 张扑克牌。

♥ **游戏玩法**

表演者将 4 张扑克牌摆成 2×2 方阵，请观众认定一张牌并记住。表演者问观众那张牌在第几行，观众答在第 x 行。表演者再将 4 张扑克牌摆成另一种形式的 2×2 方阵，再问观众那张牌在第几行，观众答在第 y 行。根据两次的问答，表演者能迅速说出观众记住的那张牌。

♣ **游戏目的**

感受行、列，体验行与列交叉的"唯一性"，培养学生的观察能力和记忆能力。

◆ **游戏解答**

关键在"摆牌"：第一次按图 1 摆，第二次按图 2 摆。

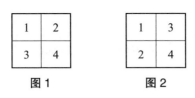

图1　　　图2

观众记住的牌若第一次在第 x 行，第二次就在第 x 列，表演者就可以在第二次摆牌的方阵中观察第 x 列第 y 行的牌，即为观众认定的牌。

♠ 游戏说明

面对幼儿园小朋友，可以这样进行：用 A、2、3、4 牌，小朋友第一次说在第一行，就是 A 和 2；第二次说在第几行，就能确定是 A 还是 2；类似地，小朋友第一次说在第二行，就是 3 和 4；第二次说在第几行，就能确定是 3 还是 4。

本游戏可以推广到一般情形：n^2 猜一。

小学生可以考虑玩九猜一，感兴趣的读者可以试一试。

24. 找规律

♠ 游戏器具

一副扑克牌。

♥ 游戏玩法

将几张扑克牌按下图方式摆放，找出规律，说出牌背朝上的是哪张牌。

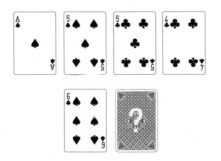

♣ 游戏目的

初学找规律，培养学生的观察能力和计算能力。

◆ 游戏解答

先看花色，后看点数，牌背朝上的那张牌是梅花9。

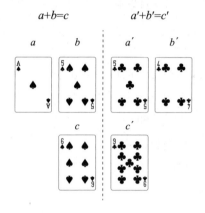

♠ 游戏说明

本游戏表演者可以不断变换扑克牌的花色、点数和运算方式。

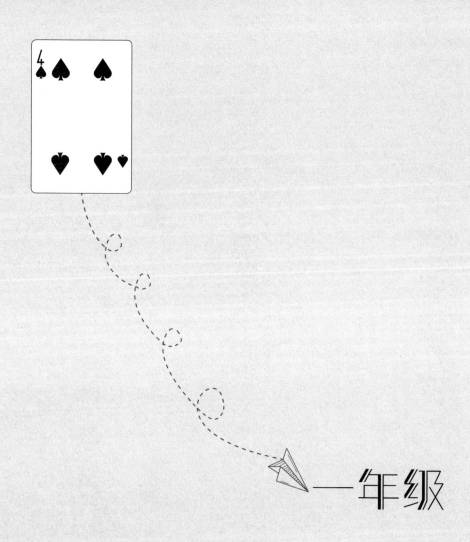

一年级

1. 抽底法寻牌

♠ 游戏器具

一副扑克牌。

♥ 游戏玩法

表演者把全副牌洗过后，牌背向上，左手在下托住牌。右手四指把牌的前面抓住一部分掀起，大拇指放在牌的后边下面，紧贴全副牌下面的面牌上（如图1）。表演者让观众看清楚掀开的上部分牌的面牌之后，就把两部分牌合拢。然后，表演者把全副牌洗一次，把牌面向上摊开，寻找观众所看见的那张面牌。

图 1

♣ 游戏目的

培养学生的动手能力和想象能力，感受益智小技巧之趣。

◆ 游戏解答

（1）表演者在第一次洗牌时，偷看全副牌的底牌，记住牌名。

（2）表演者用右手掀牌时，右手大拇指是紧贴在全副牌的底牌上的，因此当观众看完掀开部分的面牌之后，表演者把这部分牌向后拉出时，右手大拇指已同时把全副牌的底牌带了出来，贴到四指所掀开的部分牌面的上面（如图2）。

牌面向后拉出

图 2

（3）表演者把两部分牌合拢之后，全副牌的牌面向上摊开，只要找到最初的那张底牌，其后面的那张牌就是观众所认的牌了（如图3）。

原底牌　面牌

图 3

2. 单双法寻牌

♠ 游戏器具

一副扑克牌。

♥ 游戏玩法

把全副牌披开，由观众检查，没有发现疑点后，表演者把扑克牌反转，牌背向上，两手各执半数牌，由左右观众抽牌。左边观众从左手抽一张牌，右边观众从右手抽一张牌，各自记住牌名。表演者为避免看见插牌情形，背对观众，双手仍各自执牌并放在身后，请左边观众把牌插入左手牌中，右边观众把牌插入右手牌中。在身后把两手的牌并拢，成为一叠。然后面向观众洗牌，并把牌翻转，牌面朝向观众寻牌。

♣ 游戏目的

让学生体验奇偶性，学会细微观察，充分感受数学的神奇。

◆ 游戏解答

（1）表演者把全副牌按照牌点的单双数分成两部分。

（2）披开牌给观众检查时，注意牌点单数和双数的分界处。

（3）双手分开时，表演者一手拿单数牌，一手拿双数牌，把牌面翻转，让观众抽牌（如下图）。

正立抽排

单—— ——双——

（4）观众插牌前，表演者转身背立，伸手向后，恰好左手转向右方，右手转向左方，双手调换了方向（如下图），观众抽的牌就很自然地插入另一只手的牌中。

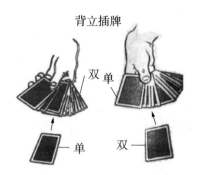

（5）用顺序洗牌法洗牌，因为那张单数牌的周围都是双数牌，同样，那张双数牌的周围都是单数牌，这样就能找出这两张牌来。

（6）大小王哪张算单数，哪张算双数，由表演者预先决定。

（7）寻牌时牌面可以朝向观众。

♠ 游戏说明

本游戏的原理是"左右本质不同"。这样，就可以创造多种不同的"左右手牌"：黑色与红色、桃心与梅方、有方向与无方向、不小于7与小于7、除4的余数分类、斐波那契数与非斐波那契数……

3. 划掉一张牌

♠ 游戏器具

一副扑克牌。

♥ 游戏玩法

表演者把一副扑克牌分成两堆，牌背朝上，请观众看其中一堆的顶牌，然后放回原处。表演者左手拿观众看过顶牌的一堆，右手拿另外一堆，用右手在左手这堆牌顶部牌面做划火柴动作，划过之后，请观众翻看之前看过的那张顶牌，发现那张顶牌被划掉了。

♣ 游戏目的

培养学生的动手能力，感受益智小技巧之趣，防止思维定式。

◆ 游戏解答

在划火柴过程中，表演者要迅速用左手右侧的四个手指头从右手最左侧的牌中抽一张或几张（抽一张不易被观众发现）。

4. 牌边立杯

♠ 游戏器具

一副扑克牌、一个玻璃杯。

♥ 游戏玩法

表演者拿出一副纸牌，由观众任意抽出一张牌。表演者交代这张牌的正背面，表明并无秘密。然后左手将牌拿正，右手将一个玻璃杯慢慢地搁在牌的上端边缘，放开右手，杯子立在牌上，不会掉下（如右图）。你知道其中的奥秘吗？

♣ 游戏目的

培养学生的动手能力，感受益智小技巧之趣，防止思维定式。

◆ 游戏解答

用左手大拇指和中指、无名指及小指拿住纸牌的左右两边，食指贴在牌的背后。当杯子搁在纸牌上端边缘时，食指尖在牌的背后顶住杯底（如右图），这样杯子因有食指尖撑住，自然不会落下。

观众在前面观看表演，注意力都集中在杯子上，关心的是杯子会不会掉下，会忽略拿牌的手指。

5. 智取纸牌

♠ 游戏器具

22 张纸牌，摆放如右图所示。

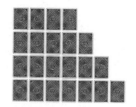

♥ 游戏玩法

从最下面一排开始取，两人轮流进行，张数不限，但不能不取，下一排没有取完前不能取上一排的，取到最后一张扑克牌的获胜。在先取的情况下，怎样取才能赢？

♣ 游戏目的

培养学生的审题能力和思维能力。

◆ 游戏解答

如果先取最下面一整排，对方也如此做，则一定会失败，所以前面不能取整排，但最后一次必须取整排，也就是要把第二排取完的任务交给对方，这一排由自己先取，留一张纸牌给对方，便可达到目的。以此类推，在第一次和第二次取牌的时候也要把取完一排的任务给对方。因此第一次取 6 张，第二次取 5 张，第三次取 4 张，第四次取 4 张。

6. 5 张排序

♠ 游戏器具

5 张扑克牌：黑桃 A、红心 A、梅花 A、方块 A、大王。

♥ 游戏玩法

将这 5 张扑克牌排成一行，要求：黑桃 A 不是第一张；红心 A 不是第一张，也不是最后一张；梅花 A 不是第二张；方块 A 在黑桃 A 后面一张；大王在梅花 A 后面两张。

♣ 游戏目的

培养学生的数学分析能力和推理能力。

◆ 游戏解答

可以先推出红心 A 在第二张，5 张牌的排序如下：

7.3 张牌垒高

♠ 游戏器具

3 张任意扑克牌。

♥ 游戏玩法

将 3 张扑克牌垒得越高越好，能垒多高？

♣ 游戏目的

打破常规思维，防止思维定式。

◆ 游戏解答

图 1 的摆法是常规思维；图 2 的摆法有点突破；图 3 的摆法做到了垒得最高。

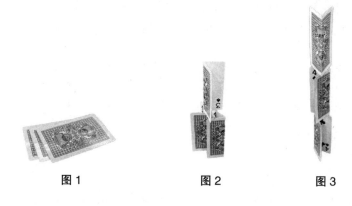

图 1　　　　　　　图 2　　　　　　　图 3

8. 第五张的花色

♠ **游戏器具**

一副扑克牌，去掉大小王。

♥ **游戏玩法**

观众洗牌，然后从扑克牌中任取 5 张（4 种花色都有）交给助手，助手将 4 张牌的牌面朝上，1 张牌的牌面朝下，表演者快速说出牌面朝下的那张牌的花色。

♣ **游戏目的**

体验密码，初识抽屉原则。

◆ **游戏解答**

根据抽屉原则——把多于 n（n 为自然数）个的物体放入 n 个抽屉里，至少有一个抽屉里的东西不少于 2 件——4 种花色，5 张牌，至少有 2 张牌的花色相同。

表演者与助手之间设有暗号，比如游戏玩三次，密码为"213"，表示第一次玩，第二张的花色为朝下那张扑克牌的花色（如图 1）；第二次玩，第一张的花色为朝下那张扑克牌的花色（如图2）；第三次玩，第三张的花色为朝下那张扑克牌的花色（如图3）。之所以设密码，是防止观众发现秘密。

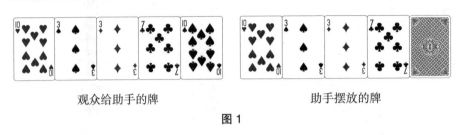

观众给助手的牌　　　　　　　　　　助手摆放的牌

图1

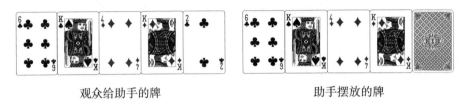

观众给助手的牌　　　　　　　　　　助手摆放的牌

图2

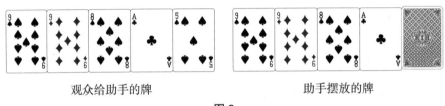

观众给助手的牌　　　　　　　　　　助手摆放的牌

图3

9. 猜两张牌

♠ 游戏器具

任意6张扑克牌。

♥ 游戏玩法

请观众将6张扑克牌的牌背朝上，并分成三组，每组两张。观众认定其中一组，并记住这组的两张牌。

表演者将 6 张牌摆成 2×3 方阵后，问观众记住的两张牌在第几行或两行各一，表演者猜那两张牌。

♣ 游戏目的

培养学生基于"唯一"的设计意识，强化观察能力和记忆能力。

◆ 游戏解答

游戏的关键在表演者的"摆牌"方式：第一组牌放在右图的 1、2 处，第二组牌放在右图的 3、4 处，第三组牌放在右图的 5、6 处。

1	2	5
6	3	4

观众报第一行，即为 1、2 处的牌；观众报第二行，即为 3、4 处的牌；观众报两行各一，即为 5、6 处的牌。

♠ 游戏说明

将游戏变为 6 组牌，表演者按右图摆牌：第一组放 1、2 处，第二组放 3、4 处，第三组放 5、6 处，第四组放 7、8 处，第五组放 9、10 处，第六组放 11、12 处。

1	2	7	9
8	3	4	11
10	12	5	6

表演者可以根据摆牌的"唯一性"，猜出观众记住的某组牌。

本游戏还可以推广到一般情形。

10. 看一全知

♠ 游戏器具

如右图所示的 6 张扑克牌，按图中顺序摆成一圈。

♥ 游戏玩法

表演者将 6 张扑克牌按 5、4、1、6、3、2 的顺序（花色为"桃心梅方桃心"）将牌面朝下叠好，用

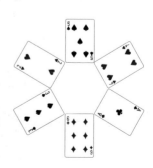

顺序洗牌法洗牌，之后牌面朝下排成一圈。

观众随意看开一张牌。

玩法 1：表演者说出对面 3 张牌的和是多少。

玩法 2：表演者说出相邻的 2 张牌是什么。

玩法 3：表演者说出对面的 3 张牌是什么。

玩法 4：表演者说出其余的 5 张牌是什么。

♣ 游戏目的

让学生理解周期，发现规律，培养记忆能力和倒推能力。

◆ 游戏解答

通过观察可以发现，这 6 张牌按顺序摆好后，任意 3 个相邻牌的和为 10 或 11，其中当中间的数为偶数时，和是 10，当中间的数为奇数时，和是 11。

当表演者看到的牌是奇数，其相邻 2 张牌的和是 11，则对面 3 张牌的和是 10；当看到的牌是偶数，其相邻 2 张牌的和是 10，则对面 3 张牌的和是 11。

比如，表演者看到黑桃 3，结合"花色约定"和"541632 排序"，可知前一张是方块 6，后一张是红心 2。

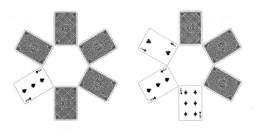

当表演者看到黑桃 3，结合"花色约定"和"541632 排序"，可知对面 3 张是黑桃 5、红心 4、梅花 A。

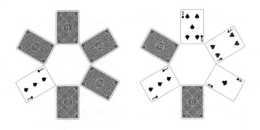

当表演者看到黑桃 3，结合"花色约定"和"541632 排序"，可知其余牌是红心 2、黑桃 5、红心 4、梅花 A、方块 6。

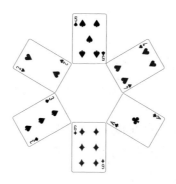

♠ **游戏说明**

本游戏可以"创造"一些悬念，比如，事先将一副牌的剩余的牌的第 10 张放一张 10，第 11 张放一张 J（即 11）。

观众翻开一张黑桃 3，表演者就说："对面 3 张牌的和，其点数就在余牌从上到下的第 10 张"；观众翻开一张方块 6，表演者可以说："对面 3 张牌的和，其点数就在余牌从上到下的第 11 张"。

11. 六六大顺

♠ **游戏器具**

一副扑克牌。

♥ **游戏玩法**

（1）从扑克牌中找出黑桃 6 和梅花 6；

（2）请观众从剩余扑克牌堆（牌背朝上）中取一部分，将黑桃 6 放在这堆牌上；

（3）把带有黑桃 6 的这堆牌下面大约一半的牌整齐分出，放在黑桃 6 上面；

（4）对梅花 6 进行同样的操作；

（5）把所有牌整合，再分成两部分；

（6）将这两部分牌的前两张牌翻开，出现 4 张 6。

♣ 游戏目的

培养学生的想象能力和分析能力。

◆ 游戏解答

在表演前，表演者事先将红心 6 放在牌的最上面，将方块 6 放在牌的最下面，在按顺序操作完之后。黑桃 6 下面的一张为红心 6，梅花 6 前面的一张为方块 6。记住黑桃 6 下面的一张为红心 6，整合成一堆，此时黑桃 6 在这堆牌的顶部；再记住梅花 6 前面的一张为方块 6，整合成另一堆，此时梅花 6 在这堆牌的第二张，这堆牌顶部的那张牌背朝上的牌是方块 6。

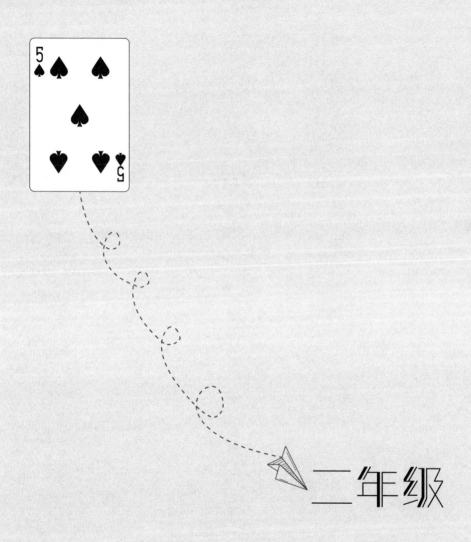

二年级

1. 朝上一样多

♠ **游戏器具**

任意 20 张扑克牌。

♥ **游戏玩法**

将 20 张扑克牌中的 10 张朝上，10 张朝下，并把它们混在一起。让观众再洗一下牌（无论怎么洗，朝上的牌都是 10 张，朝下的牌也是 10 张）。表演者能在看不到正反面混在一起的扑克牌的情况下，使双手中朝上和朝下的扑克牌张数一样多吗？

♣ **游戏目的**

培养学生的想象能力和推算能力。

◆ **游戏解答**

表演者把牌展开，确认纸牌已被均匀地洗在一起后把牌拿到背后，并向观众说明从现在开始只用手来读牌。先把 20 张牌全部放在左手，然后将左手最上面的 10 张牌放到右手中，一次性把右手的 10 张牌都翻过来，也就是把正面向下的牌翻成背面向下，而把正面向上的牌翻成背面向上。

假设开始时右手中有 4 张背面向上和 6 张正面向上的牌，翻转后，右手中的牌就变成 6 张背面向上和 4 张正面向上。也就是说，只要在开始把右手中的牌翻转一下，就会变得跟左手的牌的朝向一致了。现在把两只手里的牌拿到前面展开，然后数一下正反面牌的数量，它们是一样的。

♠ **游戏说明**

本游戏可以拓展到 $2n$（n 是正整数）张扑克牌。

2. 第 14 张的点数

♠ 游戏器具

一副扑克牌，去掉大小王。

♥ 游戏玩法

观众洗牌，然后从扑克牌中任取 14 张交给助手，助手将 13 张牌的牌面朝上，1 张牌的牌面朝下，表演者快速说出牌面朝下的那张牌的点数。

♣ 游戏目的

体验密码，初识抽屉原则。

♦ 游戏解答

根据抽屉原则，13 个点数，14 张牌，至少有 2 张牌的点数相同。

表演者与助手之间设有暗号，比如游戏玩三次，密码为 "357"，表示第一次玩，第三张牌的点数为朝下那张扑克牌的点数；第二次玩，第五张牌的点数为朝下那张扑克牌的点数；第三次玩，第七张牌的点数为朝下那张扑克牌的点数。之所以设密码，是防止观众发现秘密。

3. 第六感觉

♠ 游戏器具

一副扑克牌。

♥ 游戏玩法

表演者将扑克牌按右图所示排成一个"太阳花"。然后，让观众做以下工作：先心中随意想一个大于4的数，并从"太阳花"的最底下那张扑克牌开始，在心里默默地一张一张地数：从下到上，当数到分叉点时，沿圆圈逆时针方向数；当数到自己想的那个数时，停下来，再顺着圆圈沿顺时针方向数，一直数到刚才想的那个数为止。

开始

奇妙的是，虽然表演者完全不知道观众心中想的数是多少，却可以准确无误地指出观众默数中那最后一张牌的位置。

你知道其中的奥妙吗?

♣ 游戏目的

让学生感受数学在魔术中的应用，激发学生学习数学的兴趣。

◆ 游戏解答

表演者利用等量原理，只要"记住"右图指定的那一张，即从分叉点开始，接顺时针方向，与柄尾等距离的那张牌。因为不管观众想的是哪个数，数到最后，总是落在要"记住"的那张牌上。

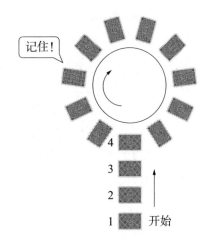

记住!

4
3
2
1 开始

当然，游戏时要经常变换"太阳花"的柄部的长度（注意心中想的那个数一定要大于柄部牌的张数），这样才不至于数到最后每次都落在同张牌上，引起观众怀疑，从而将"秘密"揭穿。

4. 快速法寻牌

♠ 游戏器具

一副扑克牌。

♥ 游戏玩法

全副纸牌让观众检查后，经过抽洗，牌背向上，让观众任抽一张，记住花色与点数。

表演者把余下的牌放在背后整理一下，观众把所抽的那张牌插进牌堆，并要求放平整，不留痕迹。

表演者把整副牌置于身后，然后再慢慢取出这副牌，一边说"那张牌在哪里呢"，一边抽出观众所抽的那张牌。

♣ 游戏目的

培养学生的动手能力，体验机灵之妙，感受"唯一性"。

♦ 游戏解答

（1）全副纸牌抽洗后，牌背向上，请观众抽一张牌，记住牌名。在观众抽牌后看牌之时，表演者就把牌拿到身后，牌面向上并把面牌第一张翻个身，然后把牌拿在左手上，这时牌堆中只有上面一张牌是牌背向上的，其余的牌都是牌背向下。

（2）由于观众插进去的牌是牌背向上的，表演者第二次将牌置于身后时，把第一张牌再翻转回来，此时观众所抽的那张牌就不难寻出。

（3）寻牌时应先将观众所抽的那张牌被它前面的一张牌挡住，抽出时动作要快，以免被观众发现秘密。

5. 4 张扑克牌

♠ 游戏器具

如右图所示的 4 张扑克牌。

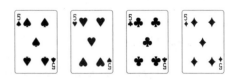

♥ 游戏玩法

请把 4 张扑克牌正面朝上，使 20 个牌点显示出 16 个点，且每种花色的牌的点数一样多。

♣ 游戏目的

让学生感受轮换对称，培养观察能力和计算能力。

◆ 游戏解答

6. 速猜牌点

♠ 游戏器具

一副扑克牌。

♥ 游戏玩法

表演者取出一副扑克牌，抽洗后，拿出 25 张牌（余牌放回原盒收起），作 4

行排列，牌面向上摆放在桌面。表演者背对观众，并邀请观众在 25 张牌中任意选择一张牌，记住点数，秘而不宣，但必须说明所记相同牌点的几张牌是在哪几行里。表演者能迅速说出观众所认的牌点，这使观众颇为惊奇，并要求再来。表演者主动将牌调乱，如法进行，又是随声猜中。进行多次，百猜百中，万无一失。这是为什么？

♣ 游戏目的

初识等比数列，培养学生简单的运算能力，感受数学之神奇。

◆ 游戏解答

（1）表演者拿出的 25 张牌，是事先整理好放在一起的，即 A、2、4、8 各一张，7、J、K 各三张，3、5、6、9、10、Q 各两张。点数必须如此，花色无所谓。

（2）将以上各牌照下图阵营摆好，即第一行 7 张，第二、三、四行各 6 张。每行第一张牌即 A、2、4、8 是关键牌，表演者猜中的牌点，实际上是由这些数字相加而得。比如，观众说所认的同点牌是在第一行和第四行里，因第一行左边第一张牌是 A，第四行左边第一张牌是 8，A 与 8 相加得 9，立刻就猜中是 9 点牌。如果说在第一、第二和第四行里，就将 A、2、8 相加，是 11（J）。以此类推。

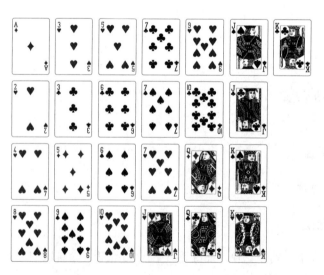

（3）观众要求再来一次时，表演者为了增加神秘感和避免漏底，可主动将同一行的牌左右调动，但不能和别行的牌搞乱，原则是同行的牌不变。

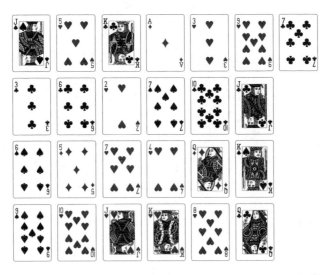

（4）如果上下整行互移，必须注意关键牌（即 A、2、4、8）的下落。

（5）至于最开始抽洗全副牌，只是洗未理好的那部分牌。

7. 推出牌点

♠ 游戏器具

如右图，将 15 张扑克牌摆成一圈，其中 2 张已经被翻过来了。

♥ 游戏玩法

已知这 15 张牌中每相邻 3 张牌的数字之和都是 21，能否推出每张牌上的数字？

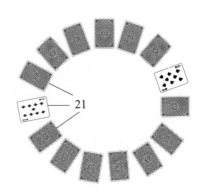

♣ 游戏目的

感受等量替换，培养学生的思维能力和运算能力。

8. 无独有偶

♠ 游戏器具

10 张扑克牌，是 5 双对子。

♥ 游戏玩法

表演者叠好牌后，从观众中选一人洗牌。不过，洗牌只许上下翻洗（即只能把下面的牌翻洗到上面，或把上面的牌翻洗到下面，张数不限），不得从中抽插。

洗牌是在观众的注视下进行的。表演者转身背向观众不看洗牌，把双手背于身后。观众代表洗好牌，叠齐后交到表演者手中。表演者始终没有看牌的机会，而观众却可以看清楚表演者手上的一举一动：表演者在身后把牌一张张粗略摸数了一下，旋即从中抽出两张来。竟是一双对子！接着，又抽出两张，又是对子；再抽两张，还是对子；如此这般，直至最后，每次都是对子。真是神极了！

这个游戏的奥秘是什么？

♣ 游戏目的

让学生感受循环，初识周期现象，感受魔术背后的数学。

◆ 游戏解答

游戏的奥秘就在于牌中的叠牌顺序（如图1）。

这样排序的牌牌，无论怎样上下翻洗，其循环排列的性质不会改变。这样，尽管表演者没有机会看到牌，但表演者只要点数一下（如图2），把牌分为两半，则上半部分的第一张与下半部分的第一张必然是对子，而上半部分的第二张与下半部分的第二张也必然是对子，所有上下部分对称位置的牌都是一双对子。

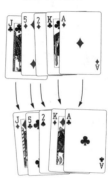

（上半部分）

（下半部分）

图2

图1

9. 奇怪的一张牌

♠ 游戏器具

一副扑克牌。

♥ 游戏玩法

老师手里拿了一张扑克牌，对学生说："我用放大镜放大这张牌的一部分，会发现呈现图中的图形（如右图）。"这是哪张扑克牌呢？

激发学生的好奇心，培养记忆能力、观察能力和想象能力，防止思维定式。

◆ 游戏解答

10. 奇偶寻数

♠ 游戏器具

同花色扑克牌 A、2、3、5（如下图）。

♥ 游戏玩法

甲将 4 张扑克牌打乱，牌背朝上，排成一行（如下图）。乙问："$a+b$ 是单数还是双数？"之后，乙再问："$b+c$ 是单数还是双数？"

乙问了两次后，就知道"红心 2"是哪张牌了。

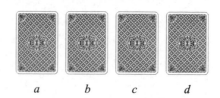

a b c d

♣ 游戏目的

强化奇偶意识，培养学生的分析能力和推理能力。

第一问：若 $a+b$ 为双数，则 a、b 都是单数，c、d 之一为"红心 2"。第二问：若 $b+c$ 为单数，则 c 为"红心 2"；若 $b+c$ 为双数，则 d 为"红心 2"。

第一问：若 $a+b$ 为单数，则 a、b 之一为"红心 2"，c、d 都是单数。第二问：若 $b+c$ 为单数，则 b 为"红心 2"；若 $b+c$ 为双数，则 a 为"红心 2"。

11. 取牌游戏

♠ 游戏器具

同花色的 A~K 共 13 张扑克牌。

♥ 游戏玩法

两人轮流从 A~K 中取牌，可以取一张或点数相连的牌（如 K 与 A、A 与 2、2 与 3 等），取到最后那张牌的就是赢家。后取者有必胜的策略吗？

♣ 游戏目的

培养学生的对策思维、对称思想和想象能力。

◆ 游戏解答

后取者的必赢策略：把 13 张扑克牌在头脑中摆成一个"圈"。若先取者取 1 张，后取者就取对面对称的 2 张（此时"圈"牌左右各剩 5 张），接下来就是"对称"取（即对方取 1 张，你就对称地也取 1 张；对方取点数相连的 2 张，你也对称地取 2 张），这样后取者必能取到最后 1 张牌。若先取者取点数相连的 2 张，后取者就取对面对称的 1 张（此时"圈"牌左右还是各剩 5 张），之后的取法同前。

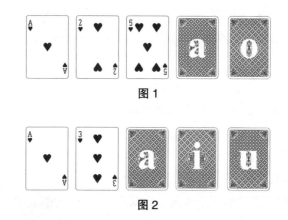

本游戏也可降低难度，先摆成"圈"后，两人轮流取牌。

12. 正面背面

♠ 游戏器具

同花色的 5 张扑克牌 A、2、3、4、5。

♥ 游戏玩法

将 5 张扑克牌背面朝上打乱，背面写上 a、e、o、i、u，把这 5 张扑克牌正面背面随意散放。如果第一次出现了 A、2、5、a、o（图 1），第二次出现了 A、3、a、i、u（图 2）。哪张牌的背面是 o？

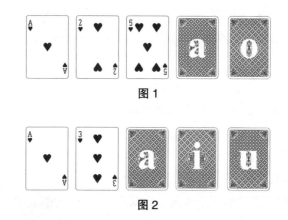

图 1

图 2

♣ 游戏目的

培养学生的观察能力、分析能力和推理能力。

◆ 游戏解答

从第一次出现的情况可知，a、o 的正面只能是 3、4；从第二次出现的情况可知，o 的正面可能是 A、3。从而推出，3 的背面是 o。

13. 最多正方形

♠ 游戏器具

任意 12 张扑克牌。

♥ 游戏玩法

要求用 12 张扑克牌同时组合出多个正方形,但不能折、不能重叠、不能剪断扑克牌。看看谁组合得最多。

♣ 游戏目的

强化对正方形的认识,感受对称、旋转和数学美,培养学生的探索能力和创新能力。

◆ 游戏解答

如下图所示,可以得到 8 个正方形。

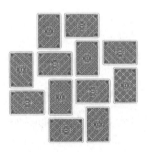

14. 必有炸弹

♠ 游戏器具

4 个 2,4 个 K,4 张杂牌,共 12 张牌。

♥ 游戏玩法

把 12 张扑克牌牌背朝上洗牌，然后从左到右摆牌，甲乙轮流从两端取牌。甲说："我先取，你后取，各取 6 张，你我一定各有一个'炸弹'（即 4 张牌的点数都一样）。"乙不信，结果每玩一次，甲乙都各有一个"炸弹"。为什么？

♣ 游戏目的

学会奇偶分析，培养学生的观察能力和对策思维能力。

◆ 游戏解答

整理牌时甲将 4 个 2（或 K）放在奇数位上，将 4 个 K（或 2）放在偶数位上，按顺序洗牌法洗牌。

若甲取左边第一张，然后乙取牌，甲就"追着取"——取乙取的牌的邻牌，直到两人各取 6 张。这样，甲取的都是奇数位上的牌，乙取的都是偶数位上的牌。相反，若甲取右边第一张，同前操作，这样，甲取的都是偶数位上的牌，乙取的都是奇数位上的牌。不论如何取，甲乙都会有一个"炸弹"。

15. 方阵猜牌

♠ 游戏器具

任意 16 张扑克牌。

♥ 游戏玩法

表演者将 16 张扑克牌摆成 4×4 方阵，请观众认定一张牌并记住。表演者问观众所认之牌在第几行，观众答在第 x 行。表演者再将这 16 张扑克牌摆成另一种形式的 4×4 方阵，再问观众那张牌在第几行，观众答在第 y 行。根据两次问答，表演者能迅速说出观众记住的那张牌。你知道其中的奥秘吗？

感受行、列，体验行与列交叉的"唯一性"，培养学生的观察能力和记忆能力。

◆ 游戏解答

游戏的关键在摆牌：第一次按图 1 摆，第二次按图 2 摆。

1	2	3	4
5	6	7	8
9	10	11	12
13	14	15	16

图 1

1	5	9	13
2	6	10	14
3	7	11	15
4	8	12	16

图 2

观众记住的牌若第一次在第 x 行，第二次就在第 x 列，表演者就可以在第二次摆牌的方阵中观察第 x 列第 y 行的牌，即为观众认定的牌。

16. 谁取 J 谁输

♠ 游戏器具

任意 10 张扑克牌，但其中有且只有一张 J。

♥ 游戏玩法

把 10 张扑克牌牌背朝上洗牌，然后从左到右摆牌，甲乙轮流从两端取牌。甲说："我先取，谁取到 J 谁就输。"结果甲每次都能赢。为什么？

♣ 游戏目的

学会奇偶分析，培养学生的观察能力和对策思维能力。

整理牌时甲需要偷偷观察一下 J 在奇数位上还是在偶数位上，按顺序洗牌法上下抽牌，抽偶数不改变 J 的奇偶性，抽奇数则会改变 J 的奇偶性。

若洗牌后，J 处在奇数位，甲取右边第一张，然后乙取牌，甲就"追着取"——取乙取的牌的邻牌，直到两人各取 5 张。这样，甲取的都是偶数位上的牌。

若洗牌后，J 处在偶数位，甲就取左边第一张，之后同上操作，这样，甲取的都是奇数位上的牌。

不论洗牌后是哪种情况，甲都必赢。

17. 遥相呼应

♠ 游戏器具

一副扑克牌，去掉大小王。

♥ 游戏玩法

观众洗牌后，将牌面朝上从左到右展开给表演者看，表演者从中抽出一张牌（记为 X）盖住，然后请观众收起牌，并将整叠牌牌面朝下放好。表演者从上面拿掉一叠牌（至少留下十几张），观众再将桌上的余牌拿起，左一张右一张地放牌，直至把牌放完。

这时，表演者说："左右两叠牌的最上面两张，一张是 X 的花色，一张是 X 的点数。"观众翻开一看，果然是！

♣ 游戏目的

培养学生的观察能力、想象能力和快速反应能力。

◆ 游戏解答

观众展牌时，表演者需要瞄一眼最后两张牌 Y 和 Z，表演者所抽的牌是 Y 的花色 Z 的点数（或 Y 的点数 Z 的花色）即可。

举例：如下图所示，表演者"瞄了一眼"最后两张牌，是黑桃 10 和方块 7，此时可以选择黑桃 7 或方块 10 作为 X 牌。图中选择黑桃 7（为了体现"快速"，现场表演时以"先看到哪张选哪张"为原则抽牌）。

表演者让观众将牌牌面朝下码齐，是为了好去牌。去牌一是节省分牌时间，二是让观众感觉"随机"。分牌后，最后两张牌一定分别落在左右两堆之上。

♠ 游戏说明

为了增强表演效果，表演者也可以考虑"抽两张 X 和 Y"，如选择黑桃 7 和方块 10。这种情况下，表演者可以说："左右两叠牌的最上面两张，一张是 X 的花色，Y 的点数；另一张是 X 的点数，Y 的花色。"

但有两种特殊情况要特别灵活地处理一下。

情况 1：X 和 Y 同花色。

处理 1：表演者可以说："太整齐了，把牌再洗一遍。"直到 X、Y 不同花色且不同点数为止。

处理 2：表演者可以说："没看见我想要的牌。"然后拿起整叠牌趁机切一次牌，直到 X、Y 不同花色且不同点数。

处理 3：表演者可以说："我取的两张牌一定会和最后的牌同色配对。"（如下图）

情况 2：X 和 Y 点数相同。

处理 1：同上，重新洗牌法。

处理 2：同上，悄悄切牌法。

处理 3：取相同点数的另两张，说"会出现'炸弹'"（如下图）。

18. 左右都猜中

♠ 游戏器具

一副扑克牌。

♥ 游戏玩法

请观众充分洗牌。甲乙随意各抽一张牌（比如甲抽梅花 5，乙抽红心 2）。甲乙分别记住所抽的牌后，牌背朝上交给表演者，表演者把两张牌置于身后，嘀嘀自语："我感应一下这两张牌。"

说完，表演者右手拿出牌（牌面对着甲），说："再确认一下，是这张牌吧？"甲看到梅花 5 后说"是"；表演者把右手收回，左手拿出牌（牌面对着乙），说："你也确认一下，是这张牌吧？"乙看到红心 2 后说"是"。

表演者双手各拿出一张牌，让甲乙再次一起确认这两张牌，同时说出："甲抽的是梅花 5，乙抽的是红心 2。"

怎么回事呢?

♣ 游戏目的

培养学生的观察能力、记忆能力和动手能力，感受小智慧带来的乐趣。

◆ 游戏解答

表演者把两张牌置于身后喃喃自语时，把两张牌牌背叠在一起像一张牌那样，给甲确认时表演者看到了红心 2，给乙确认时表演者就看到了梅花 5。最后让甲乙两人同时确认时，表演者自然能准确无误地说出："甲抽的是梅花 5，乙抽的是红心 2。"

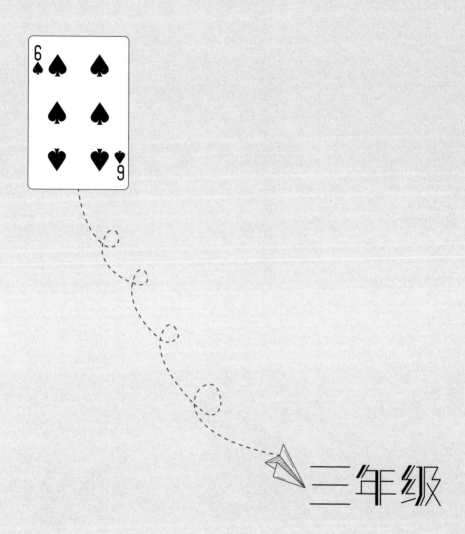

三年级

1. 789

♠ **游戏器具**

纸上画出 5×5 的方格，在方格相应位置上放带有数字的扑克牌（如下图）。

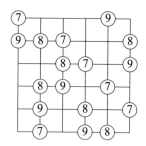

♥ **游戏玩法**

请移动两张扑克牌，使得每行、每列都有 7、8、9 三个数字。

♣ **游戏目的**

培养学生的观察能力和思维能力。

◆ **游戏解答**

给出两个答案：

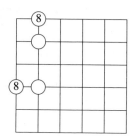 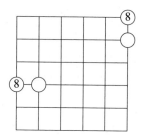

2. 百猜百中

♠ 游戏器具

近半副扑克牌。

♥ 游戏玩法

表演者拿出近半副扑克牌，洗牌，请观众随机抽取一张，记住这张牌，然后交给表演者。表演者将这张扑克牌随机插入半副扑克牌中，再洗牌。洗完后，表演者将牌面朝向自己，不一会儿就能找到观众抽取的那张扑克牌，百猜百中。这是为什么？

♣ 游戏目的

让学生体验中心对称、旋转和唯一，体验极端原理，培养观察能力和思维能力。

♦ 游戏解答

利用扑克牌中的"不对称"原理猜牌。表演者事先将挑出的不对称的扑克牌在方向上做了"理顺"，即所有的牌都朝一个方向。一般洗牌后不会改变牌的方向，抽出的那张牌反向插回，找牌时只要看到"唯一反向"的那张牌即是。

扑克牌中不对称的牌有：大小王，方块 7，黑桃、红心和梅花中的 A、3、5、6、7、8、9，共 24 张。

为了防止观众发现秘密，也可以将两副扑克牌中的不对称牌事先抽出"理顺"。大小王目标大，建议只取一副的即可。这样共有 46 张扑克牌，一般人是看不出破绽的。

还可以找一张中心对称的扑克牌"做掩护"，比如红心 2、方块 3、黑桃 10 等，故意将这张"掩护牌"让观众看到。如果所有的扑克牌都是一个方向，观众抽取到的那张牌，就是一张中心对称的扑克牌了。

3. 猜牌数

♠ 游戏器具

A~10 红心扑克牌共 10 张，如下图摆放。

♥ 游戏玩法

请一位观众记住某一张牌，不要告诉表演者，但要说明记住的牌是在第一排还是在第二排。之后，表演者拿起第二排的第一张牌红心 10，按"下→上→下→上"的顺序把 10 张牌收起来，再按从右往左，先第一排再第二排的次序分排成两排，如下图所示。

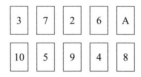

表演者询问观众：记住的那张牌此时是在第一排还是在第二排？之后，表演者拿起第二排的第一张牌红心 10，按上面的操作再做一遍，分成后的两排如下图所示。

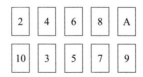

表演者再次询问观众：记住的那张牌此时是在第一排还是在第二排？之后，表演者按上面的游戏程序再操作三次，每次都请观众告知所记之牌是在第一排还是在第二排。当最后一次观众说明记住的那张牌是在某一排时，表演者就能很快地说出那张牌的牌面。

最后三次的排序如下图所示：

6	7	8	9	A
10	2	3	4	5

8	4	9	5	A
10	6	2	7	3

9	7	5	3	A
10	8	6	4	2

♣ 游戏目的

初步学习应用排除法解决问题，培养学生的记忆能力。

◆ 游戏解答

做猜牌游戏时，除 A 与 10 两张牌的位置不变外，其余八张牌均按一定的规律变化：

牌 5：上下下下上上；牌 4：上下上下上下；牌 3：上上下下下上；牌 2：上上上下下下；牌 9：下下下上上上；牌 8：下下上上上下；牌 7：下上下上下上；牌 6：下上上上下下。

记住上述变化规律，就可以很快说出观众心中记住的那张牌。

当然，用排除法也能很快说出那张牌数。

4. 读数指牌

♠ 游戏器具

一副扑克牌。

♥ 游戏玩法

表演者按牌点选出 13 张牌，即 A，2，3，…，10，J，Q，K。牌面向上，打乱点数，排列成圆圈。让观众认一张牌，记住牌名。表演者说："我点 24 下，便是你所认的那张牌。但有一个条件，如你认的牌是 3，那么当我点第一张牌时，你就在心中数 4（要在所认的牌点数上加 1），一直数到 24，就可以叫停。"于是表演者开始在牌上点，到观众叫停时，正是观众默认的那张牌。为什么？

让学生学会简单运算，培养观察能力和动手能力。

◆ 游戏解答

前 10 个数（即点 10 张牌）是乱点的。从第 11 下起，便按下列次序从多到少点牌：K（13）、Q（12）、J（11）、10、9、8、7、6、5、4、3、2、A。

点牌的数，观众和表演者都在心中数，但点数不一样。比如，观众认的牌点是 3，表演者点第一下时，观众在 3 上加 1 是 4，第二下观众是 5，第三下观众是 6……直到点到观众是 24 那个数字为止（即观众加成的总数），观众就叫一声"停"。由于数学上的原因，此时所点的牌正是观众所认的那张牌。

注意：表演者点牌时，第 11 下点在 K 上是本游戏的关键。

5. 对偶猜牌

♠ 游戏器具

一副扑克牌，去掉大小王。

♥ 游戏玩法

将扑克牌洗好后请两位观众各自随意抽去一张牌并藏好。表演者将剩下的牌当众做一番令人眼花缭乱的"处理"，然后直接猜出两位观众抽的牌的点数。

♣ 游戏目的

让学生体验对偶原理，培养观察能力和动手能力。

◆ 游戏解答

所有的扑克牌，按点数均可排为以下的一种：A、2、3、4、5、6、7、8、9、10、J（11）、Q（12）、K（13）。这 13 种不同点数的牌，以点数"7"为分界线，成对称状态，与"7"等距离的两张牌，其点数和均为 14。我们称这样的一组牌互为"对偶"。

扑克牌中共有七组对偶牌：（A，K），（2，Q），（3，J），（4，10），（5，9），（6，8），（7，7）。

表演者对手上的牌进行如下"处理"：依次往桌面上分牌，点数一律亮在外边。当表演者看到桌面上有两张"对偶"牌时，马上用手上两张还没有分的牌把对偶牌压住，新分的牌点数依然亮在外边。按此方法，直至所有牌分光为止。剩下的牌的对偶牌一定在观众手中。

有一种例外，即桌面上的牌已全部收起，这表明两名观众手中的牌本身成对偶，因此表演者可以说，观众手上的牌点加起来等于 14。

6. 黑红相间

♠ 游戏器具

任意 6 张黑桃和 6 张红心扑克牌。

♥ 游戏玩法

把 6 黑 6 红共 12 张扑克牌按顺序排好，牌背朝上，表演者从最底下抽出一张放于桌上明示，黑色；然后把此时最底下的一张抽出置于最上面，仍牌背朝上；再从最底下抽出一张放于桌上明示，红色。依次操作，直至游戏结束，桌面上的牌为黑色、红色、黑色、红色相间排列。请给出牌的原始排序。

♣ 游戏目的

培养学生的符号意识和数学应用能力。

◆ 游戏解答

圈码数字代表扑克牌排序，"+"代表黑色，"−"代表红色。可进行如下推理（①为牌底的牌，⑫为牌顶的牌）：

①②③④⑤⑥⑦⑧⑨⑩⑪⑫

＋

③④⑤⑥⑦⑧⑨⑩⑪⑫②

－

⑤⑥⑦⑧⑨⑩⑪⑫②④

＋

⑦⑧⑨⑩⑪⑫②④⑥

－

……

依次操作，对照①②③④⑤⑥⑦⑧⑨⑩⑪⑫，有＋＋－－＋－－－＋＋－＋，即黑、黑、红、红、黑、红、红、红、黑、黑、红、黑。

♠ 游戏拓展

（1）将扑克牌改为黑桃 A~K 共 13 张，操作方法如上，桌面上出现 A，2，…，K 排列，请给出牌的原始排序。

（2）将扑克牌改为黑桃 A~K 共 13 张，操作方法改为：第一张出现 A，把此时最底下的一张抽出置于最上面，仍牌背朝上；再从最底下抽出一张放于桌上明示，出现 2；把此时最底下的两张（一张一张地抽）抽出置于最上面，仍牌背朝上；再从最底下抽出一张放于桌上明示，出现 3。依次操作，见到几就一张一张地抽出几张置于最上面，直至游戏结束。桌面上出现 A，2，…，K 的排列顺序。请给出牌的原始排序。

（3）随机给一串不带 0 的数字（如 142857369），是否能做到依数字之序，"见几就抽几张放上来"呢？

答案：（1）AQ283J495K6（10）7；（2）A825（10）3QJ9476K；（3）A94876325。

7. 黑桃 6

♠ 游戏器具

一副扑克牌。

♥ 游戏玩法

拿一张黑桃6给观众看，然后放在牌背上，再从牌背上拿出来，插入牌叠中，露出一半来，再让观众看一下，确定是黑桃6，之后把这张牌全插进去。拍一下牌背，翻开上面的那张牌，发现又是"黑桃6"。

♣ 游戏目的

初学益智游戏的"小骗术"，培养学生的细微观察能力，引发兴趣。

◆ 游戏解答

（1）先找出黑桃6和黑桃7，把两张牌并拢成为一张牌。黑桃6在前面，黑桃7在后面，必须把黑桃7或"品"字形的三个桃花的一头朝下。

（2）当表演者举牌让观众看时，应使观众看到的像是一张牌，而不是两张（如图1）。

（3）然后把"这张牌"（实际上是两张）放在桌上牌叠的牌背上。

（4）拿第一张背牌（即黑桃7，牌面向下，不让观众看见是7，观众误以为还是6）插入牌叠中。

（5）牌插一半，露出半截（用右手食指压住"7"，只让观分看见这张牌上方的四个花，使观众误以为是黑桃6，如图2）。观众看过后，再全插进去。

（6）表演者用手拍一下全牌的牌背，翻开最上面的一张牌，就又是"黑桃6"。

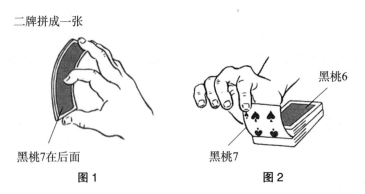

二牌拼成一张

黑桃7在后面

图1

黑桃6

黑桃7

图2

8. 回到牌面

♠ **游戏器具**

一副扑克牌。

♥ **游戏玩法**

右手握半副扑克牌，牌背朝上，披开十多张，不重叠。让观众认一张牌，从第一张开始数，记住认的是第几张。表演者收牌，问观众是第几张。表演者根据观众说的张数从牌背数出，一张一张插入另外半副扑克牌中。然后双手交叉洗牌，洗好后把牌置于身后，做一个手势，表示要让那张观众认的牌移到上面来，翻开来看，就是观众认的牌。

♣ **游戏目的**

体验益智游戏的"小骗术"，培养学生的机灵性和动手能力，防止思维定式。

◆ **游戏解答**

观众认为的第一张

（1）牌背朝上，右手把牌逐张披开十多张，让观众看清楚，每张没有重叠。在观众确认牌背没有秘密后，将半副牌面向观众，利用左手整理披开的牌作为掩护，把第一张牌向左移进一点，使第二张牌成为观众认为的第一张牌（如左图）。

（2）表演者根据观众所讲的张数，从牌背把牌一张一张按顺序拿出并插入另外半副牌中，由于事先在牌背多加了一张牌，因此留在原牌背上的就是观众所认的牌了（如右图）。

牌背多加一张牌

（3）双手交叉洗牌，可以保持顶部的牌不变，寻牌就简单了。

三年级   095

本游戏也可以不把牌置于身后，而将牌背朝上置于桌上，寻牌时用右手盖住牌，口念"牌上来，牌上来，牌上来！"说着就把牌翻出来。

9. 垒扑克牌

♠ 游戏器具

红心 A~9，共 9 张扑克牌。

♥ 游戏玩法

（1）如何把 9 张牌分成三摞，每摞三张，使得每摞牌上的数字之和都相等？

（2）如何把 9 张牌分成三摞，每摞三张，使得第一摞牌上的数字之和比第二摞多 1，比第三摞多 2？

♣ 游戏目的

培养学生的推算能力、分析能力和思维能力。

◆ 游戏解答

（1）1~9 的和为 45，每摞扑克牌的三个数字之和为 15，有两种情况（如下图）。

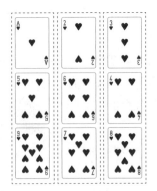 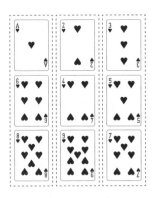

（2）1~9 的和为 45，三摞扑克牌的三个数字之和应分别为 16、15 和 14，答案见下图。

10. 两王相会

♠ 游戏器具

一副扑克牌。

♥ 游戏玩法

在牌中挑出大王和小王，剩余的牌抽洗后放在桌上，牌背向上。请观众将牌任意分为三部分。然后，把一张王牌放在第一部分牌上；又拿起第二部分牌，放在第一张王牌上，再盖上第二张王牌，最后把第三部分牌放在第二张王牌上，成为一叠。这叠牌中的两张王牌是分开放的。表演者在身后逐一将牌拿出，翻开放在桌上，只要拿出第一张王牌，第二张王牌就紧跟着出来了。你知道其中的奥秘吗？

♣ 游戏目的

涵育灵性，培养学生的想象能力和动手能力。

◆ 游戏解答

（1）抽出两张王牌后，洗牌时记住底牌。

（2）由观众来分牌、放王牌，这样效果会更好。第一部分牌上放第一张王牌，第二部分牌放在第一张王牌上，再放上第二张王牌，第三部分牌放在第二张王牌上（第三部分牌最下面的牌是原先记住的底牌），因此底牌的下一张就是王牌（如下图）。

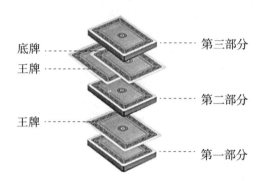

（3）把牌平整一下，使四边看不出王牌的痕迹。然后将牌放置身后，从上到下，一张一张拿出，翻开放在桌上。当看见已知的底牌时，就会知道下面一张肯定是王牌，此时马上暂停，改为从下往上拿牌，仍逐张放在桌上。当看到王牌时，就把上面那张王牌也从背后拿出来。

11. 落在哪张牌上

♠ **游戏器具**

红心 A、2、3、4、5，共 5 张扑克牌，排成一行。

♥ **游戏玩法**

用手指从 A 开始点起，点到 5 就返回（"5"只点一次），点到 A 再返回（"A"也只点一次）（如右图），如此点下去，点到 100 时，手指落在哪张扑克牌上？点到 2023 呢？

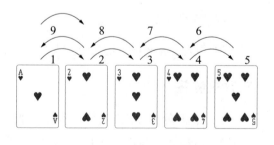

♣ 游戏目的

让学生发现规律，体验周期现象，培养观察能力和思维能力。

◆ 游戏解答

第一次返回点到红心 2 后，游戏又"重新开始"了，凡是"重新开始"的问题，就是"周期问题"。显然，第一次返回到红心 2 时，点了 8 次，周期为 8。100 除以 8，余 4，所以点到 100 时，手指头落在红心 4 上。2023 除以 8 余 7，我们可以先考虑点到 2024 时的情形：点到 2024 时，手指落在红心 2 上，点到 2023 时手指就落在红心 3 上。

♠ 游戏拓展

（1）把扑克牌多一张排列，周期是几？

（2）把扑克牌多两张排列，周期是几？

（3）把扑克牌多三张排列，周期是几？有规律吗？

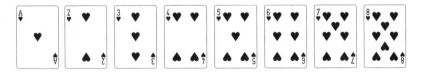

答案：（1）周期为 10；（2）周期为 12；（3）周期为 14。每增加一张扑克牌，往返各多点了一次，所以每增加一张扑克牌，周期增加 2。

12. 扑克三角形

扑克牌中的 A、2、3、4、5、6、7、8、9，其中的 A 看成 1 点。

♥ 游戏玩法

请把这 9 张牌摆成一个三角形，使它的每条边上都有 4 张牌，并且这 4 张牌的点数之和都是 17。能快一点摆出来吗？

♣ 游戏目的

培养学生的运算能力、调整能力和简约思维能力。

◆ 游戏解答

这个游戏不能拿来就摆，也不能全凭试验。我们可以做一点简单计算，从而加快摆放速度。

三角形的每条边上有 4 张牌，三条边按理应该共有 12 张牌。但实际上要求用 9 张牌摆成三角形，可见在三个顶点上应该各放一张，因为顶点上的牌在通过它的每条边上都计算一次，一张牌当两张用。

9 张牌的点数相加，总和是 1+2+3+4+5+6+7+8+9=45，而要使三角形每条边上各数的和都是 17，则三条边上数目的总和为 17×3=51。51-45=6。多出的 6 点，是因为放在顶点上的三张牌各被重复计算了一次，所以放在顶点位置上的牌只能是 A、2 和 3。最后，把剩下的 6 张牌适当分配，就很容易得到所需的摆放方法。答案见下图。

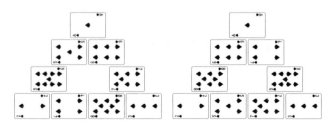

13. 数字换位

♠ 游戏器具

红心 A、2、3、4，共 4 张扑克牌，摆成下图所示的形状。

♥ 游戏玩法

做如下变换：第一次上下两排交换，第二次将第一次交换后的左右两列进行交换，第三次再上下两排交换，第四次再左右两列交换。请问：第 100 次交换后，A 在哪个方位？

♣ 游戏目的

认识周期，检测和培养学生的观察能力。

◆ 游戏解答

交换 4 次后，牌的位置就与开始的情况一样了，所以周期为 4。第 100 次交换后牌的位置与开始的情况一样，所以，A 在西北方位上。

14. 移动两张牌

♠ 游戏器具

6 张扑克牌，按下图摆放。

💗 游戏玩法

移动相邻的扑克牌两张，但不改变两张牌的顺序，依序移动，将牌面朝上的移至右边，牌面朝下的移至左边，该如何移动才能在三次内完成？

♣ 游戏目的

培养学生的观察能力、想象能力和思维能力。

◆ 游戏解答

三次移动步骤如下图。

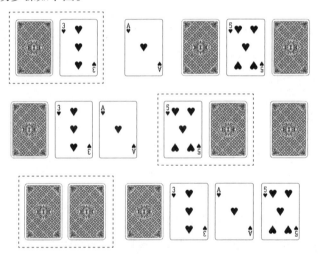

15.3 张牌的和与积

♠ 游戏器具

一副扑克牌中的所有方块牌。

♥ 游戏玩法

桌上有三张牌，它们的乘积与它们的和一样，这三张牌是什么？

♣ 游戏目的

培养学生的猜测能力和分析能力。

◆ 游戏解答

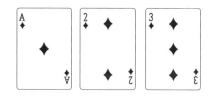

16. 3 张牌排序（1）

♠ 游戏器具

一副扑克牌。

♥ 游戏玩法

把三张扑克牌牌面朝下摆成一排。已知：

（1）有一张 Q 在一张 K 的右边；

（2）有一张 Q 在另一张 Q 的左边；

（3）有一张黑桃在一张红心的左边；

（4）有一张黑桃在一张黑桃的右边。

请问，你能确定这三张扑克牌及其排序吗？

♣ 游戏目的

培养学生的方向感、推理能力和调整能力。

答案之一：

17."凑" 100

♠ **游戏器具**

扑克牌 A~9，按下图摆放。

♥ **游戏玩法**

在上面的牌中间添一些加、减运算符号，使答案等于100。你能找到多少种不同的方法（不可加括号，两牌之间不一定必须有运算符号）？

♣ **游戏目的**

培养学生的观察能力、运算能力和调整能力。

◆ **游戏解答**

1+2+3−4+5+6+78+9=100；

1+2+34−5+67−8+9=100；

1+23−4+56+7+8+9=100；

12+3+4+5−6−7+89=100；

12−3−4+5−6+7+89=100；

12+3−4+5+67+8+9=100；

123−4−5−6−7+8−9=100；

123+45−67+8−9=100；

123−45−67+89=100；

…

18. 二换二

♠ **游戏器具**

扑克牌 A、2、3、4、5，按下图摆放。

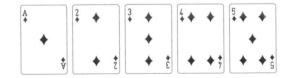

♥ **游戏玩法**

每次可以将相邻的两张和另外相邻的两张调换，你能调换三次，使 A2345 变成 5432A 吗？

♣ **游戏目的**

培养学生的观察能力、动手能力和分析能力。

◆ **游戏解答**

三次调换步骤如下：

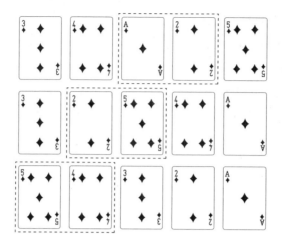

19. 扑克比赛

一副扑克牌。

♥ 游戏玩法

5个人进行扑克牌比赛，每两人互赛一场。比赛结果如下：
甲：2胜2负；乙：0胜4负；丙：1胜3负；丁：4胜0负。
请问戊的比赛结果怎样？

♣ 游戏目的

培养学生的运算能力和整体分析能力。

◆ 游戏解答

5人比赛，每两人互赛一场，可以推算共有10场比赛：甲乙，甲丙，甲丁，甲戊，乙丙，乙丁，乙戊，丙丁，丙戊，丁戊。10场比赛，胜负各一场，共有10胜10负。前四人胜了7场，负了9场，故戊的比赛结果是3胜1负。

20. 任意三张的排队

游戏器具

一副扑克牌，去掉大小王。

游戏玩法

从扑克牌中任意取出三张，按下列原则排队：

（1）从左到右排；

（2）不同花色的，按黑桃（桃）、红心（心）、梅花（梅）、方块（方）的顺序排（图1）；

（3）相同花色，数字小的优先排（图2）；

（4）兼而有之的，先考虑花色再考虑数字（图3）。

你能每次都排队成功吗？

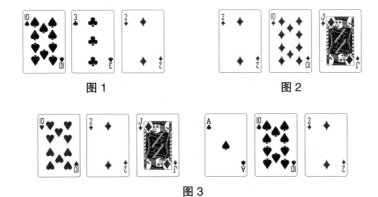

图1　　　　　　　　图2

图3

游戏目的

让学生理解规定、原则，初步理解排序。

游戏解答

略。

本游戏可以把扑克牌的张数改为 4 张、5 张、6 张等。

21. 如此巧合

♠ **游戏器具**

一副扑克牌。

♥ **游戏玩法**

乙从一副叠好的扑克牌上端取出小于 10 的 n 张扑克牌，并数一下具体的张数（注意避免让甲看到），叠好放在边上。甲从剩下的扑克牌中从上到下取 10 张扑克牌，平铺在桌面上，请乙盯住从左往右数的第 n 张 1 秒（注意：乙是从对面看过来的），并记住这张牌。甲一只手在取出的一叠牌上做感应，另一只手在平铺的 10 张牌上做感应，推出乙盯住的那张牌。

甲在推出那张扑克牌后，把牌翻个身，说："其实我早就知道你会盯住这张牌，你看牌背是不一样的。"

你能做到吗?

♣ 游戏目的

培养学生的推理能力。

◆ 游戏解答

感应是"表演性"的,牌背不一样的那张牌,事先放在第 11 张即可。

数学推理:乙取走 n 张牌,当甲平铺后,原来的第 11 张牌就是乙从对面看过来的第 n 张牌。$11-(11-n)=n$。

22. 三重 J、Q、K

♠ 游戏器具

扑克牌 J、Q、K 若干张。

♥ 游戏玩法

J、Q、K 分别代表 1~9 中不同的三个数字,它们组成下面的等式:

$$
\begin{array}{r}
J\,J\,J \\
Q\,Q\,Q \\
+\,K\,K\,K \\
\hline
J\,Q\,Q\,K
\end{array}
$$

你能推出 J、Q、K 分别代表哪些数字呢?

♣ 游戏目的

培养学生的运算能力和推理能力。

◆ 游戏解答

先看个位数,J+Q+K 的结果中个位为 K,即 J+Q=10。又因为 JJJ、QQQ、KKK 三个数加起来不可能大于 3000,所以 J 是 1 或 2,那么 Q 就是 9 或 8。

假设 J=1,111+999+KKK=1110+KKK=199K。看百位和十位,因为 1+K=9,

所以 K=8。

假设 J=2，222+888+KKK=1110+KKK=288K。因为千位 2，所以 K 只能是 9。但 1110+999 ≠ 2889，所以不成立。因此，J=1，Q=9，K=8。

23. 乱中寻牌

♠ 游戏器具

一副扑克牌。

♥ 游戏玩法

把两叠各 5 张牌的牌面朝下放到桌子上。

观众拿其中的一叠牌，选择其中一张放到这叠牌的上面。并请他把第二叠的 5 张牌（此时表演者千万别说这叠牌有 5 张）也放在这叠牌上面。

表演者背过身，请另一观众从这叠牌上去掉几张牌（从上面去），但最多不能超过 5 张，并把去掉的几张牌放到一边。

请第一位观众把带有他选中的那张牌的一叠牌翻过来，牌面朝上。然后把上面第一张牌牌面朝上扔到桌子上，第二张牌移到这叠牌的下面。第三张牌放到桌子上，牌面朝上，且放在刚才被扔的第一张牌的上面；第四张牌移到这叠牌的下面。重复前面的操作，直至手里只剩下一张牌，最后把它放到桌子上新的那叠牌的上面。这时表演者说："这叠牌按这样的顺序一张接一张地是随意形成的，我转过身来了。"

观众把这叠牌牌面朝下递给表演者，表演者能把观众选中的牌找出来吗？

♣ 游戏目的

培养学生的观察能力和分析能力，学会初步推理。

◆ 游戏解答

观众选中的牌在牌面朝下时总是位于这叠牌从下往上数第五张的位置（无论观众去掉多少张牌都是如此）。把这叠牌翻过来牌面朝上时，它位于从上往下数的第五张。当观众把这些牌的第一张、第三张、第五张……扔到桌面上后，那张被选中的牌就在新的一叠牌的第三张的位置（牌背朝上从上往下数的第三张）。

24. 配对

♠ 游戏器具

一副牌中所有的 K 和 Q，共 8 张。

♥ 游戏玩法

表演者将 8 张牌按顺序洗牌法洗牌，然后说："我能将同色牌配对！"
你能表演吗？

♣ 游戏目的

感受周期现象运用之妙。

◆ 游戏解答

表演者将 8 张扑克牌按"黑桃 K、红心 K、梅花 K、方块 K、黑桃 Q、红心 Q、梅花 Q、方块 Q"的顺序牌背朝上理好，顺序洗牌法不改变周期。表演者可以把这 8 张牌排列成圆形，牌背朝上摆放到桌子上，某张牌和它中心对称的那张牌就能配对。

25. 巧翻扑克牌

♠ 游戏器具

任意 23 张扑克牌。

♥ 游戏玩法

桌上有 23 张扑克牌，其中 10 张正面朝上。此时蒙住表演者的眼睛（表演者也摸不出扑克牌的正反面），让观众把桌上的牌在保证 10 张朝上的情况下弄乱。

请问：表演者如何才能把这些扑克牌分成两堆，使每堆正面朝上的扑克牌张数相同？

♣ 游戏目的

培养学生的分析能力、想象能力和推理能力。

◆ 游戏解答

将 23 张扑克牌随意分为两堆，一堆 10 张，另一堆 13 张，然后把 10 张的一堆所有的扑克牌翻过来就可以了。

26. 7 翻 5

♠ 游戏器具

任意 7 张扑克牌。

♥ 游戏玩法

如下图所示，有 7 张扑克牌正面朝上放在桌上。现在要求把它们全部翻成反面朝上，但每次必须同时翻 5 张牌。请问需要翻几次？

♣ **游戏目的**

培养学生的观察能力、想象能力和深度分析能力。

◆ **游戏解答**

答案之一：

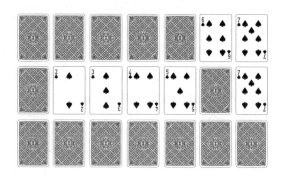

♠ **游戏说明**

可以直接告诉学生共翻 3 次，适当降低难度。

在这个游戏中，教师要"教思维"，可以用"+"表示牌面朝上，"–"表示牌背朝上：

原始状：＋＋＋＋＋＋＋。

第一翻：－－－－－＋＋。

第二翻有翻 5－、0+，翻 4－、1+，翻 3－、2+，3 种情况。唯有翻 4–、1+，可以实现 5+。

第二翻：－＋＋＋＋＋－。

第三翻：－－－－－－－。

27. 3838

♠ **游戏器具**

10 张扑克牌，其中必须包含一张红心 3、一张红心 8，其余 8 张为任意黑色牌且不含 3 和 8。

♥ 游戏玩法

表演者随机洗牌，牌背朝上，说："我数一下看看是不是 10 张牌。"此时的牌应是牌背朝上，且红心 8 在最下面，然后是 8 张黑牌，红心 3 在最上面。

表演者说："今天是三八妇女节，我就按'3838'操作，然后将牌置于身后，看看能不能翻出 3 和 8。"

"3838"操作中的"3"：从上往下放牌，一张一张放 3 张在桌上，然后把手里剩余的 7 张牌整叠放在前面 3 张上；"8"：从上往下放牌，一张一张放 8 张在桌上，然后把手里剩余的 2 张牌整叠放在前面 8 张上；再按"3""8"各操作一次，实现"3""8""3""8"。

表演者操作完后，果然很快从身后翻出了红心 3 和红心 8。你会玩吗？

♣ 游戏目的

培养学生的推演能力和操作能力，激发数学学习兴趣，感悟"应景"之乐。

♦ 游戏解答

假设原始牌为 3，6，K，9，5，2，J，4，Q，8，按"3838"操作，每次操作后牌序如下：

"3"：9，5，2，J，4，Q，8，K，6，3；

"8"：6，3，K，8，Q，4，J，2，5，9；

"3"：8，Q，4，J，2，5，9，K，3，6；

"8"：3，6，K，9，5，2，J，4，Q，8。

按"3838"操作后的牌序与原始的牌序相同，此时表演者从身后翻开第一张就是"红心 3"，最后一张就是"红心 8"。

♠ 游戏拓展

（1）对游戏创新玩，比如某人的生日是 6 月 9 日，我们取 10~15 张牌（牌数小于等于 6+9），就可以类同"3838"，玩"6969"游戏了。

（2）张压叠放洗牌法：n 张牌，牌背朝上，从上往下拿牌，第一张放在桌上，第二张压在第一张上，第三张压在第二张上……放了 x（$x \leq n$）张，即为"x 张'张压'"；余下的牌整叠放在"张压"的那叠牌上，称为"叠放"，即 $n-x$ 张叠放。

张压叠放洗牌法有如下性质：

① n 张牌，选择数 x 和 y，满足 $x+y \geq n$，且 x、$y \geq \dfrac{n}{2}$，第一次按 x 张压叠放操作，第二次按 y 张压叠放操作，第三次按 x 张压叠放操作，此时最底下的一张牌就移到了顶部。

② n 张牌，选择数 x 和 y，满足 $x+y \geq n$，且 x、$y \geq \dfrac{n}{2}$，第一次按 x 张压叠放操作，第二次按 y 张压叠放操作，第三次按 x 张压叠放操作，此时底部的 y 张牌移到了顶部，且牌的次序发生了反转，其余的 $n-y$ 张牌保持原来的次序，并在底部。

③连续 4 次 x 张压叠放洗牌法洗牌后，所有的牌都会恢复到原来的顺序。

④若 n 为奇数，x 为偶数，x 张压叠放洗牌法洗牌后，奇数位置的牌依然在奇数位置，偶数位置的牌依然在偶数位置。

由上面的性质，我们可以设计一个游戏：

观众取 10~20 中的某个牌数，比如 15；观众报 9 和 8，然后从余牌中任取一张牌并记住，牌背朝上，放在桌上，再把 15 张牌整叠牌背朝上放在观众取的牌上，观众按 9 张压叠放洗牌法洗牌，又按 8 张压叠放洗牌法洗牌，再按 9 张压叠放洗牌法洗牌后，将牌整叠交给表演者（表演者始终背对观众），表演者很快就能翻出观众记的那张牌——其实就是顶部那张牌。

（3）请观众在一副扑克牌中从上到下数出奇数张，比如 25 张，看最底下一张牌并记住牌面，将最底下那张牌放在桌上，并将顶牌放在其上，再把余牌整叠放在这两张牌上，然后请观众按 x（x 为偶数）张压叠放洗牌法洗牌，洗完牌后将牌交给表演者，表演者就能找出观众记住的那张牌。

奥秘：表演者事先将牌按质数、合数、质数、合数的顺序摆放，牌背朝上，取奇数张牌，观众记住的那张牌是质数。按上述方法操作后，整叠牌的奇偶位置变为合数、质数交替，但最后两张是质数。观众多次按 x 张压叠放洗牌法洗牌，奇偶位置不会改变，"步调"不一致的牌就是观众所记之牌。

引趣："挑姓法"会让观众感受到随机性。比如从"黄、张、魏、陈、严"中取一个字，从"刘、任、郑、林、聂"中取一个字，计算这两个字的笔画总和。因为前五个字的笔画是奇数，后五个字的笔画是偶数，其和一定是奇数。

压牌时不一定只压一张牌，也可以压奇数张。以"挑姓法"为例，从"马、冯、吴、赵"中取一个字，这几个字的笔画都是奇数。请观众将看到的底牌放在桌上，再从顶部整叠取"姓氏奇数"张牌压在其上，再把余牌整叠放上。余下的玩法同前。

28. 疯狂的时钟

♠ **游戏器具**

一副扑克牌，去掉大小王和 4 张 K。

♥ **游戏玩法**

表演者从一副扑克牌中任选 12 张，将 12 张牌的点数按 1，5，9，10，2，6，7，11，3，4，8，12 的顺序排列，花色按"桃心梅方"周期约定，牌背朝上，从上到下码好，顺序洗牌法洗牌后，牌背朝上摆成右图所示的"时钟状"。

玩法 1：观众任意翻开一张牌，表演者能立即说出这张牌正对面的那张牌。

玩法 2：观众任意翻开相邻的三张牌，表演者能立即说出这三张牌的前一张和后一张牌。

玩法 3：观众任意翻开一张牌，并用小棋子指定一张牌，表演者能立即说出指定的那张牌。

玩法 4：观众任意翻开一张牌，表演者能说出牌背朝上的所有牌。

你知道其中的奥秘吗？

♣ **游戏目的**

感受周期现象，学会观察牌圈规律，培养学生的记忆能力和推理能力。

点数按 1，5，9，10，2，6，7，11，3，4，8，12 的顺序排列，其规律是：从 1 开始，有 +4，+4，+1，+4，+4，+1，…的规律（得数超过 12 的就减去 12）；花色按"桃心梅方"周期约定（也可以自行定义）。

（1）假设观众指定的牌点数为 x，若 $x \leqslant 6$，则 x 正对面的牌的点数是 $x+6$；若 $x>6$，则 x 正对面的牌的点数是 $x-6$。如右图所示，观众翻开的牌为方块 J（11），11-6=5，结合花色规律，正对面的牌为红心 5。

（2）如下图所示，观众翻开的牌是梅花 7、方块 J、黑桃 3，根据"+4，+4，+1"的规律和"桃心梅方"周期约定，可推出前一张是红心 6，后一张是红心 4。

（3）如下图所示，观众翻开的是方块 10，根据"+4，+4，+1"的规律和"桃心梅方"周期约定，推出小棋子指定的那张牌的花色是方块，10=9+1，因此 10+4=14 → 2，2+4=6，6+1=7，7+4=11，推出小棋子指定的那张牌的点数是 11（即 J）。

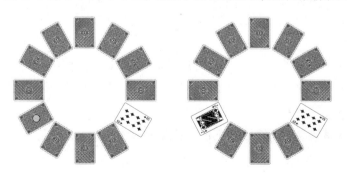

（4）如下图所示，观众翻开的是方块 11，按 "+4，+4，+1" 的规律和 "桃心梅方" 周期约定，便可推出所有牌的点数和花色。

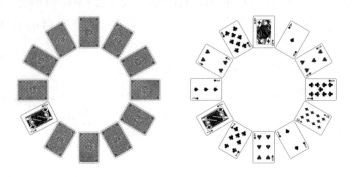

29. 黑跟黑，红跟红

♠ **游戏器具**

一副扑克牌。

♥ **游戏玩法**

表演者的操作如下：

（1）先取出 4 个 A，将剩下的扑克牌取出约二分之一（偶数），平分成两堆，如下图所示。将 2 个 A 放在左边牌堆上，另外 2 个 A 放在右边牌堆上。

图 1

（2）拿起左边牌堆，将 2 个 A 分别放在桌子上，其余牌背朝上，从上到下在 2 个 A 的右侧放牌，按观众（最好有多个）报 "放黑处" 或 "放红处" 放牌，把这堆牌放完（如图 2）。

（3）表演者说 "黑红搭配一下"，把第一步中的右边牌堆上的 2 个 A 按图 3 放好。

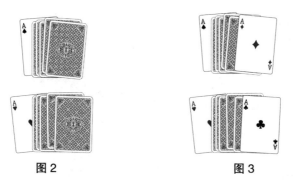

图2   图3

（4）剩余的右边牌堆的牌按观众（最好有多个）报"放黑处"或"放红处"放牌，把这堆牌放完（如图4）。

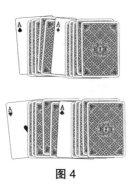

图4

（5）表演者翻开第一排的牌说："你们太厉害了！每张都放对了（黑跟黑，红跟红）！"（见图5）。

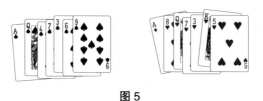

图5

（6）接着把第二排的2个A抽出，摆成图6。

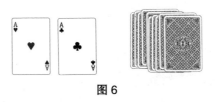

图6

（7）把剩余牌背朝上的牌都翻开，果然跟2个A的颜色对应，"红前黑后"排成一行（如图7）。

图 7

这种神奇操作的原理是什么？

♣ 游戏目的

培养学生的想象能力和思维能力，感受"翻转变换"之趣和"小灵巧"之乐。

◆ 游戏解答

大约半副牌事先做了一点"手脚"：黑牌全在上，红牌全在下。

（1）图2中，黑桃A和红心A右侧牌全是黑牌；

（2）图4中，方块A和梅花A右侧牌全是红牌；

（3）图6把2个A抽出后，牌背朝上的余牌此时是"黑前红后"；

（4）图7中的2个A是"红前黑后"，表演者把余牌翻过来展开，自然也是"红前黑后"。

神奇操作的奥秘就在"那一翻"。

30. 看三报一

♠ 游戏器具

黑桃、红心、方块 A~5，共 15 张扑克牌。

♥ 游戏玩法

表演者请观众从乱洗过的 15 张扑克牌（牌面朝下）中任取 4 张交给助手，助手将扑克牌排成一行，前三张牌面朝上，第四张牌面朝下。表演者可以很快报出第四张的牌型。你知道其中的奥秘吗？

♣ 游戏目的

初识排列和信息传递，初步感受抽屉原则。

◆ 游戏解答

任意连续的 5 张牌排成圆环，任意 2 张之间的距离不会超过 2。

（注：这里说的"距离"，指扑克牌点数之间的最小"递进"关系，如 $2 \rightarrow 3$ 距离为 1，$2 \rightarrow 4$ 距离为 2，$2 \rightarrow 5$ 则变为 $5 \rightarrow 2$ 距离为 2，$1 \rightarrow 5$ 则变为 $5 \rightarrow 1$ 距离为 1，以此类推。）

根据抽屉原则，3 种花色，任取 4 张，至少有 2 张的花色相同，助手摆的第一张暗示了第四张的花色和"起点"；助手摆的第二、第三张，按照同花色看点数，不同花色按"黑桃＜红心＜方块"的约定，暗示"距离"（小大→1，大小→2）。这样，表演者就能报出牌面朝下的第四张牌。

比如：

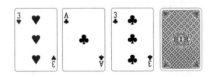

第一张暗示花色是红心，"起点"为 3；第二、第三张同花色且"距离"对应 1（小大→1）。故第四张为红心 4。

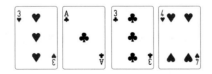

又如：

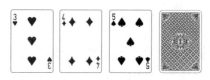

第一张暗示花色是红心，"起点"为3；第二、第三张花色不同且"距离"对应2（大小→2）。故第4张为红心5。

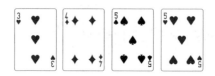

♠ **游戏说明**

本游戏可以浅出，也可以深入。

（1）浅出：任意连续的3张牌排成圆环，任意2张之间的距离不会超过1。比如，黑桃A、2、3和红心A、2、3，共6张牌。观众任取3张，助手将3张牌摆成一行，亮出前2张牌，第3张牌面朝下，表演者就可以报出第三张是什么牌。

任取3张，至少2张花色相同，助手摆的第一张在暗示花色。第二张暗示"点数加1"，如第二张是A，暗示第三张的点数为2；第二张是2，暗示第三张的点数为3；第二张是3，暗示第三张的点数为1。

这样，这个游戏就可以在幼儿园大班或小学一年级中进行。

（2）深入：任意连续的13张牌排成圆环，任意2张之间的距离不会超过6。

比如，一副扑克牌，去掉大小王，共52张牌。观众任取4张，助手将4张牌摆成一行，前三张亮出2张牌（即3张中2张牌面朝上，1张牌面朝下），第四张牌面朝下。表演者翻看前三张中牌面朝下的那张牌，就可以报出第四张是什么牌。

原理：将牌面朝下的牌记为 X，翻看前三张中牌面朝下的牌可知第四张的花色和"起点"。

①如果4张牌中有2张花色相同，助手从左到右放牌，那么 X 的花色就选为第四张的花色；而"距离"有：

X 小大→1，X 大小→2，小 X 大→3，大 X 小→4，小大 X→5，大小 X→6。

有了花色和距离，表演者就能知道第四张是什么牌了。

②如果 4 张牌的花色都不相同，助手就从右到左放牌（给表演者的暗示），那么 X 的花色和亮牌的花色共有 3 种，剩余的花色就是第四张牌的花色，而"距离"有：

X 小大 → 1，X 大小 → 2，小 X 大 → 3，大 X 小 → 4，小大 X → 5，大小 X → 6。

有了花色和距离，表演者就能知道第四张是什么牌了。

注意：有一种特殊情况，就是有可能"距离"为 0，如 4 张不同花色的 2，表演者和助手可以事先约定，牌背朝上放 2 张（3 个位置占 2 个即可），表演者翻看这 2 张后就可判断第四张牌的花色和点数了。

这样，这个游戏就可以在小学高年级或中学生中进行了。

31. 三堆扑克牌

♠ 游戏器具

任意 24 张扑克牌。

♥ 游戏玩法

把 24 张扑克牌分成甲 11 张、乙 7 张、丙 6 张三堆，如何移动每堆的牌，最后使三堆中的每一堆牌的数目都相等？

要求：只移动三次，向某一堆移的数目要恰好等于这一堆牌原有的数目。

♣ 游戏目的

培养学生的试错能力、调整能力和推算能力。

♦ 游戏解答

第一次：甲移牌给乙，11-7=4；第二次：乙移牌给丙，14-6=8；第三次：丙移牌给甲，12-4=8。

32. 三放三回

♠ 游戏器具

一副扑克牌。

♥ 游戏玩法

甲乙丙各随机取 3 张牌，甲记住其中一张牌 X，牌背朝上放在桌上；乙记住其中一张牌 Y，牌背朝上放在 X 上；丙记住其中一张牌 Z，牌背朝上放在 Y 上。甲乙丙各把手中的 2 张余牌依次放在 Z 上。

表演者拿出事先准备好的点数为 5、6、7 的三张牌，请观众抽取一张，比如 5。表演者请甲从整叠牌上面一张一张取出放在桌上（第 $n+1$ 张放在第 n 张上），共取 5 张，再把剩余的 4 张牌直接放在上面。让乙同样操作一遍。再让丙也同样操作一遍。

请甲乙丙依次从这叠牌的上面取一张牌，各自翻看，甲乙丙会惊奇地发现，手里的牌是他们当初抽取并记住的那张牌。

为什么？

♣ 游戏目的

让学生学会具体推演，逐步尝试一般性证明。

◆ 游戏解答

具体可推演一下（X 为底牌编号，6 为顶牌编号）：

原始：XYZ123456；

甲操作：65432XYZ1；

乙操作：1ZYX26543；

丙操作：345621ZYX。

其实，再操作一次，就复原了（XYZ123456）。这样，就可以设计新的游戏了。

33. 3K 依旧

♠ **游戏器具**

半副左右的扑克牌，包含 4 个 K。

♥ **游戏玩法**

表演者把 3 张 K 给观众看，然后牌背朝上放在桌上；再把手上的余牌展开给观众看，显示是杂乱的。收牌后，牌背朝上。从牌底抽一张牌放在牌背顶部，从桌上"三取一"压上去一张 K；再从牌底抽一张牌放上来，从桌上"二取一"压上去一张 K；继续从牌底抽一张牌放上来，把桌上最后一张 K 压上去。表演者做"施魔法"动作后，打开顶部 3 张牌，3 张 K 又在一起了。

观众感觉是一张 K 一张杂牌交替的，为什么 3 张 K 又合在一起了？

♣ **游戏目的**

培养学生的细微观察能力、想象能力和动手能力，防止思维定式。

◆ **游戏解答**

表演者先取出 4 个 K，牌背朝上，将一张 K 藏在牌底第三张位置处（图 1），另外 3 张 K 给观众看（假设观众看到的是图 2），然后牌背朝上放在桌上。

建议：桌上"三取一"时，取中间那张（即方块 K）；桌上"二取一"时，取下面一张 K，效果会更好。这样观众之前看到的是"黑桃 K 方块 K 梅花 K"，最后看到的是"黑桃 K 红心 K 梅花 K"。

图 1

图 2

34. 4A 转移

♠ 游戏器具

半副左右的扑克牌，包含 4 个 A。

♥ 游戏玩法

表演者把 4 个 A 和余牌展开给观众看，如下图。

表演者收起余牌，牌背朝上，4 个 A 也是牌背朝上放在余牌上。从上往下取牌，从左到右一张一张放牌，放 4 张，边放边说："我把 4 个 A 先放好。"然后在每张牌上各压 3 张牌（如下图）。

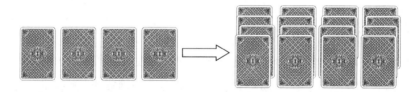

表演者"施魔法"——"AAA 请过来"，然后将最右侧那堆牌翻开，4 张牌是 4 个 A。

♣ 游戏目的

培养学生的动手能力和想象能力，感受"小智慧"带来的乐趣。

◆ 游戏解答

表演者事先在黑桃 A 下面藏了 3 张杂牌，如下图。给观众看牌时，这 3 张杂牌被黑桃 A 盖住的,不能让观众发现,当然,也可以拿在手上展示给观众看。

"压3张"时,从右到左一次性压3张,这样最右侧牌堆的4张牌就是4个 A。

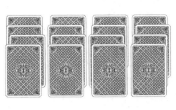

♠ 游戏说明

本游戏也可以这样"玩":扑克牌展现完后,将牌分别收起,牌背朝上,4张 A 放在顶部。第一次从顶部抽一张牌插入整叠牌下端四分之一处,第二次再从顶部抽一张牌插入整叠牌下端二分之一处,第三次还是从顶部抽一张牌插入整叠牌上端四分之一处。表演者在牌上"施魔法":"4A4A 请上来。"翻开顶部4张,就是4个 A。

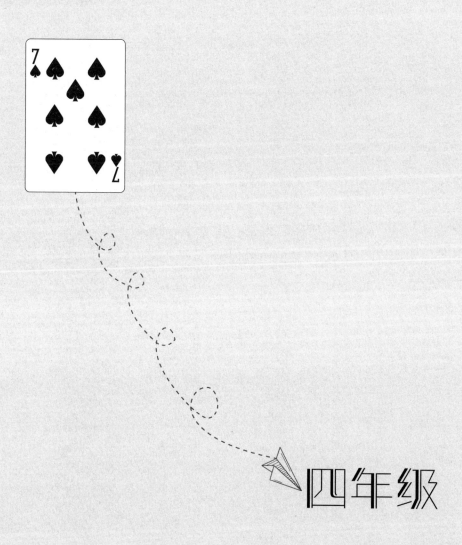

四年级

1. 报位寻牌

♠ 游戏器具

一副扑克牌。

♥ 游戏玩法

任选 25 张牌，牌面向上，5 张一行，排 5 行。表演者说明左边第一列为 1，从左到右共 5 列，然后让观众在心中认一牌，并对表演者说所认的牌在第几列。之后表演者把全部牌收拢，又按 5 张一行排 5 行，再问观众，现在那张牌在第几列。这时，表演者就知道观众认的牌是哪一张了。你能做到吗?

♣ 游戏目的

感受广义对称之妙趣，培养学生的观察能力和数学推理能力。

◆ 游戏解答

（1）25 张牌任意摆放。

（2）收牌时按下图所示的数字顺序收。1 号位置的牌放在最上面。

25	24	23	22	21
20	19	18	17	16
15	14	13	12	11
10	9	8	7	6
5	4	3	2	1

（3）再次摆牌时，按下图所示的数字顺序摆。从牌面第一张开始摆。假如观众认的牌是上图中的 7 号位置的牌，在第 4 列，第二次摆牌时，认的牌在第 2 列，表演者根据下图，在第 2 列的最后一张牌数起，自下而上数到第四张，就是观众认的牌（第一次在第 4 列，第二次数到第四张，如果第一次在第 5 列，

就数到第五张）。

1	6	11	16	21
2	7	12	17	22
3	8	13	18	23
4	9	14	19	24
5	10	15	20	25

2. 被遮住的扑克牌

♠ 游戏器具

任意一些扑克牌。

♥ 游戏玩法

让观众在桌子上掷一把扑克牌（如下图）。快速看一下结果，然后背对观众，让观众随机将一对一对扑克牌翻个面（想翻几对翻几对）。然后要求观众遮住一张扑克牌。当表演者转回身来，可以立刻说出被遮住的扑克牌是朝上还是朝下。

你能说出这个魔术背后的数学道理吗？

♣ 游戏目的

加深学生对奇数偶数概念的认识。

◆ 游戏解答

表演者在背对观众之前，要注意一下有多少张扑克牌是面朝上的。根据游戏过程我们知道，面朝上的扑克牌数目每次要么增加 2，要么减少 2，要么不变。所以，如果一开始面朝上的扑克牌数目是奇数，那么最后仍是奇数，无论有多少对扑克牌被翻了面。

当表演者转过来后，要数一下现在面朝上的扑克牌数目。如果和开始时一样是奇数（或者和开始时一样是偶数），那么被遮住的扑克牌一定是面朝下的。反之，被遮住的扑克牌是面朝上的。

这个游戏说明了奇偶性的重要性：扑克牌数目的奇偶性是不变的，只要扑克牌是一对一对翻个面（而不是单个扑克牌翻个面）。

3. 猜出顶部的牌

♠ 游戏器具

一副扑克牌。

♥ 游戏玩法

表演者随机取出三分之一以上的扑克牌，数一下张数，报给观众。按如下操作进行：

（1）请观众报出不小于所取扑克牌张数一半的某个数字，报出的数字不要超过所取扑克牌的张数，如取了 19 张扑克牌，所报数字为 10~19；

（2）表演者洗牌后将扑克牌叠起，牌面朝下；

（3）表演者将扑克牌交给观众，请观众将扑克牌从顶部一张压一张放在桌上，压到观众报出的那个数为止，然后将手里剩余的牌整叠放上去，重复操作两次；

（4）表演者准确报出顶部那张扑克牌的牌面。

♣ **游戏目的**

初步尝试代数推理，培养学生从具体到抽象的验算能力，体验数学的神奇。

♦ **游戏解答**

（1）表演者在洗牌时，要偷看一眼底部的那张牌；

（2）三次操作后，顶部的那张牌，就是表演者曾经看的那张牌。

拿起扑克牌试一试吧，如果能用代数推演一下，就更好了！

4. 猜出中间的牌

♠ **游戏器具**

一副扑克牌。

♥ **游戏玩法**

表演者随机取出奇数张扑克牌（大于10张），数一下张数，报给观众。按如下操作进行：

（1）请观众报出不小于所取扑克牌张数一半的某个数字，报出的数字不要超过所取扑克牌的张数，如取了19张扑克牌，所报数字为10~19；

（2）表演者洗牌后将扑克牌叠起，牌面朝下；

（3）表演者将扑克牌交给观众，请观众将扑克牌从顶部一张压一张放在桌上，压到观众报出的那个数为止，然后将手里剩余的牌整叠放上去，再重复操作两次；

（4）表演者准确报出最中间的那张扑克牌的牌面。

♣ **游戏目的**

初步尝试代数推理，培养学生从具体到抽象的验算能力，体验数学的神奇。

（1）表演者在洗牌时，要偷看一眼底部的那张牌；

（2）表演者事先要知道牌数，比如 19。在给观众数扑克牌张数时，牌面朝下，从上往下取牌，一张压一张摆在桌子上，压到第 9 张时，从下往上取牌，一张压一张，把牌数完；

（3）表演者在数牌时，已经将偷看的那张牌，放到最中间了；

（4）三次操作后，最中间的那张牌，就是表演者曾经偷看的那张牌。

拿起扑克牌试一试吧，如果能用代数推演一下，就更好了！

5. 耳能听牌

♠ 游戏器具

一副扑克牌，去掉大小王。

♥ 游戏玩法

洗牌后，拉开，让观众看一下，确认没有问题，再请观众抽一张。然后表演者把其他牌握在手中，放到耳边一听，就知道观众抽的是什么牌。

♣ 游戏目的

感受周期现象，培养学生的观察能力、记忆能力和动手能力。

◆ 游戏解答

（1）把全副牌按下列次序排成四行：第一行黑桃，第二行红心，第三行梅花，第四行方块，牌面向上（如下图）。先收左边第一行的"K"，然后是第二行的"3"、第三行的"6"……顺次收牌，也就是 3 压 K 上，6 压 3 上，9 压 6 上，Q 压 9 上……

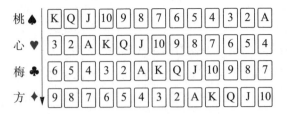

（2）观众抽牌后，把抽的那张牌上面的牌放到余牌的下面。

（3）听牌前表演者要看一下最下面的面牌。若面牌是"3"，那抽的牌必定是"6"；若面牌是"红心"，则抽的牌定是"梅花"。

（4）要记住口诀：桃、心、梅、方下加3。比如，看见面牌是"红心6"，则观众抽的牌必是"梅花9"。这是因为"心"的后面是"梅"，而6加3是9。因此抽牌必然是"梅花9"。

注意：把抽的牌收回再进行表演时，一定要把这张牌放在全牌的牌背上，或者牌面上，不可插在中间。

6. 活而有序

♠ 游戏器具

三副扑克牌中的所有A、2、5，花色不限。

♥ 游戏玩法

请用A、2、5组成10，共有多少种不同的组成方式？（与花色无关）

♣ 游戏目的

培养学生的"序化""类化"能力。

◆ 游戏解答

"序化"，指从大到小组成；"类化"，指将5、2、A分类进行。

5+5=10；

5+2+2+1=10；

5+2+1+1+1=10；

5+1+1+1+1+1=10；

2+2+2+2+2=10。

再把每个 2 逐个换成两个 A，又得 5 种组成方式，这样共有 10 种不同的组成方式。

7. 两副牌合洗

♠ 游戏器具

两副扑克牌（牌背颜色不同），去掉所有的大小王。

♥ 游戏玩法

挑选牌背为红色的扑克牌红心 A~K，共 13 张；牌背为蓝色的扑克牌红心 A~K，共 13 张。把这 26 张扑克牌交叉洗牌一次，可以把洗牌后的牌面给观众看。之后牌背朝上，可见颜色混杂（如图 1），将 26 张牌的牌背朝上置于桌上。表演者请观众选择要红色牌还是蓝色牌，然后翻出一张牌，表演者就能从牌背朝上的牌中找出同样的一张牌。

图 1

♣ 游戏目的

感受排序和反序，体验周期和广义对称，培养学生的想象能力和思维能力。

扑克牌事先做了"手脚"：两种颜色的牌各 13 张牌，相互是"反序"（如图 2，初看是"随机"，细看是"反序"）。交叉洗牌后虽显得"乱"但不影响各自的"顺序"，观众从左到右取某种颜色的第几张，表演者就从右到左取另一种颜色的第几张，比如，观众从左到右翻开红色牌的第四张，表演者就从右到左翻开蓝色牌的第四张（图 3）。

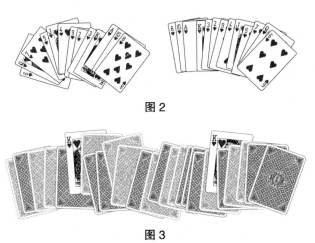

图 2

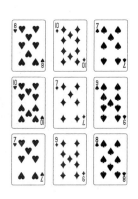

图 3

8. 取扑克牌

♠ 游戏器具

按右图摆放 9 张扑克牌。

♥ 游戏玩法

从上往下取扑克牌，可以从不同列的第一张取，取第一张扑克牌，得扑克牌上点数的分值；取第二张扑克牌，所得分值为所取扑克牌点数的 2 倍；取第三张扑克牌，所得分值为所取扑克牌点数的 3 倍，三次分值之和为 50。如何取？

♣ **游戏目的**

培养学生的观察能力、运算能力和整体思维能力。

◆ **游戏解答**

先取最右侧的 7，得 7 分，然后取最左侧的 8，得 16 分，再取最右侧的 9，得 27 分，7+16+27=50（分）。你能证明这是唯一的解吗？

9.3 张牌求和

♠ **游戏器具**

如下图所示的 8 张扑克牌，按"854A7632"的顺序摆成一圈。

♥ **游戏玩法**

表演者将这 8 张扑克牌按"854A7632"之序牌面朝下叠好，用顺序洗牌法洗牌，然后牌面朝下排成一圈（如右图）。观众按顺时针方向连续取 3 张扑克牌，将 3 张扑克牌的点数之和告诉表演者，表演者就能说出这 3 张是什么牌。你能做到吗？

让学生体验"都不相等",理解周期,培养记忆能力和倒推能力。

◆ 游戏解答

(1)表演者先记住 8 张牌的顺序:854A7632;

(2)表演者按需给 8 张扑克牌一个自己的花色记忆规定,如"桃心梅方",目的是不让观众发现"秘密";

(3)从 8 开始,按顺时针方向连续取 3 张扑克牌,点数之和依次为 17、10、12、14、16、11、13、15,都减 10 后,表演者记住"7、0、2、4、6、1、3、5"分别对应"854、54A、4A7、A76、763、632、328、285",不用死记,可以在脑子里迅速验证;

(4)表演者结合自己定义的花色规律,就能推出观众抽取的 3 张扑克牌的牌面了。

10. 是黑桃 A

♠ 游戏器具

从扑克牌中任意取 8 张红牌和 8 张黑牌,共 16 张,按右图所示排列。

♥ 游戏玩法

表演者背过身,不看扑克牌,请观众将一枚硬币(或其他小物品)放在任意一张黑牌上。按照表演者发出的指示,将硬币在各牌中移上或移下,移左或移右,最后硬币必定停留在"黑桃 A"上。

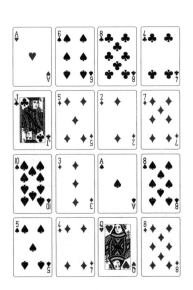

🍀 游戏目的

感受枚举法，体验归纳法，培养学生认真读题的习惯。

◆ 游戏解答

（1）8张红牌和8张黑牌，除必须有一张"黑桃 A"外，其他点数随意，红黑牌按规定排列，但"黑桃 A"必须在上图所示的位置上。

（2）扑克牌摆好后，请观众站在牌边，听表演者的指示行动。

（3）表演者远离纸牌，背身而立，依次发出以下七条指示：①请选择一张黑牌；②拿一枚硬币放在选定的黑牌上；③把硬币移到左或右最近的一张红牌上；④把硬币移到上或下最近的一张黑牌上；⑤把硬币移到对角的那张红牌上；⑥把硬币向下或向右移到最近的一张黑牌上；⑦硬币所在的那张黑牌是"黑桃 A"。

11. 数字无序化

♠ 游戏器具

按右图所示摆放 8 张扑克牌。

♥ 游戏玩法

图中的 8 张扑克牌的 8 个数字有序地排列在一起。要求：将这 8 张扑克牌重新排列，使它们处于完全无序的状态，也就是任何两个连续的数字在上下、左右和对角线方向上都不能相邻。

如何做到这一点？

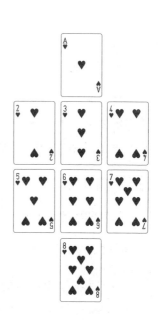

🍀 游戏目的

理解连续的数字和"都不"，培养学生的推理能力。

首先，我们注意到中间两个位置有其余位置所不具备的特点，即与它在上下、左右和对角线方向上有接触的扑克牌共有 6 张（其余位置只有 3 张或 4 张），这说明，对于要放在中间两个位置的数字而言，8 个数字中，除自身以外，必须有 6 个数字和其自身不相邻，或者说，只能有一个数字与其自身相邻。满足这一条件的数字只有两个：A（即 1）和 8。因此，填在中间两个位置中的数字必须是 A 和 8。中间的数字确定后，其余位置上的数字就不难确定了（见右图）。

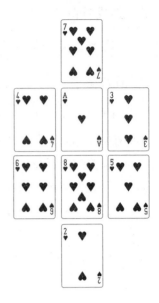

12. 4K 同现

♠ 游戏器具

一副扑克牌。

♥ 游戏玩法

洗牌后，把牌放在桌上，牌背朝上，让观众把它分成四叠。再请观众按表演者的要求，从一叠牌上拿若干张到另一叠牌上，又从另一叠牌拿若干张到其他叠牌上，最后翻开四叠牌上面的那张，4 张全是 K。

♣ 游戏目的

培养学生的动手能力、运算能力、记忆能力和想象能力。

◆ 游戏解答

（1）先把 4 张 K 放在全牌的牌背上（图 1），再把牌面朝观众抽洗，这样洗牌不会移动 4 张 K 牌。

（2）表演者让观众把牌分成四叠，要注意有 4 张 K 牌的一叠牌放在哪个位置（图 2）。

牌背4张都是K

牌背4张都是K

图 1

图 2

（3）表演者要掌握有 4 张 K 牌的一叠牌，在四叠牌上取牌移动。

（4）表演者要想办法让观众在他的指挥下，把 4 张 K 牌分别调到每叠牌的上面。这时就停止端牌，翻开四叠牌的首张牌，自然全是 K 牌了。

（5）如果在 4 张 K 牌下面放 4 张 Q 牌，继续照上述方法表演，则会在四叠牌上出现 4 张 Q。

13. 四对数字

♠ 游戏器具

如下图所示的 8 张扑克牌。

♥ 游戏玩法

把 8 张扑克牌排成一行，使得两个 A 之间夹有一张扑克牌，两个 2 之间夹有两张扑克牌，两个 3 之间夹有三张扑克牌，两个 4 之间夹有四张扑克牌。如何排？

♣ 游戏目的

培养学生的数学意识、整体思维、逼近思想和推理能力。

答案之一：

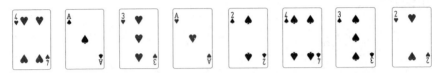

有七对扑克牌：AA223344556677，使得两个相同点数之间夹有对应点数张数的扑克牌，该如何排？

答案之一：74A5A643752362。

14. 算 24 点

♠ **游戏器具**

一副扑克牌。

♥ **游戏玩法**

一副牌去掉大小王，随机发出 4 张牌（称为一个牌组），用加减乘除四种运算，把它们的牌点（A、J、Q、K 分别看作 1、11、12、13，其余牌点和牌面一致）算成 24，每张牌必须用一次且只能用一次。比如 4 张牌为 A、2、3、4，那么算式为（1+2+3）×4=24 或 1×2×3×4=24。

初学者也可使用 4 种花色 A~9 或者 A~10 共计 36 或 40 张牌进行"算 24 点"。

之所以选择"24"这个数，是因为，1~29 中，唯独 24 有 1、2、3、4、6、8、12、24 共计 8 个约数，这样就使得 4 张牌的点数能形成 24 的可能性大一些。

"算 24 点"游戏可以一人、两人、三人或更多人参加。如两个人玩，每人均分 26 张牌，然后各亮出 2 张牌开始抢算。先算出 24 点者，拍一下桌子，然后讲出自己的算式。如正确，则桌面上的 4 张牌由对方吃进；如算错，则自己吃进。如遇上双方都算不出的牌组，则各收回 2 张牌或搁置一旁，由下一次未算出或算错者连带吃过。最后以手中牌少的一方为胜。

下面是一些略有挑战的"算24点"题，看看30分钟内，你能做出几道题？

（1）4、10、10、J	（2）6、9、9、10	（3）5、7、7、J
（4）3、7、9、K	（5）2、4、7、Q	（6）4、5、7、K
（7）4、8、8、J	（8）3、5、7、J	（9）3、6、6、J
（10）6、Q、Q、K	（11）4、8、8、K	（12）3、6、6、K
（13）6、J、Q、Q	（14）5、9、10、J	（15）7、7、Q、K
（16）2、3、K、K	（17）2、5、5、10	（18）7、8、8、K
（19）7、9、10、J	（20）2、7、7、10	（21）A、5、J、J
（22）5、10、10、J	（23）A、7、K、K	（24）2、4、10、10
（25）2、7、8、9	（26）3、5、7、K	（27）A、5、5、5
（28）A、3、4、6	（29）2、2、J、J	（30）3、8、3、8
（31）4、4、10、10	（32）2、3、5、Q	（33）A、2、9、J
（34）4、9、J、J	（35）6、9、10、J	（36）2、2、10、J

♣ 游戏目的

体验数学建模思想，激活创新能力，培养学生的运算能力。

◆ 游戏解答

（1）4×11−10−10=24	（2）9×10÷6+9=24
（3）7×（5−11÷7）=24	（4）7×9−3×13=24
（5）12÷（4−7÷2）=24	（6）（7×13+5）÷4=24
（7）（8×11+8）÷4=24	（8）（7×11−5）÷3=24
（9）（6×11+6）÷3=24	（10）（12×13−12）÷6=24
（11）（8×13−8）÷4=24	（12）（6×13−6）÷3=24
（13）（11×12+12）÷6=24	（14）5×9−10−11=24
（15）7×7−12−13=24	（16）3×13−2−13=24
（17）5×（5−2÷10）=24	（18）8×（8+13）÷7=24
（19）11×（10−7）−9=24	（20）7×（2+10÷7）=24
（21）（11×11−1）÷5=24	（22）（10×11+10）÷5=24
（23）（13×13−1）÷7=24	（24）10×（2+4÷10）=24

（25）2×（7+9）-8=24　　　　　　（26）（5×13+7）÷3=24

（27）5×（5-1÷5）=24　　　　　　（28）6÷（1-3÷4）=24

（29）11×（2+2÷11）=24　　　　　（30）8÷（3-8÷3）=24

（31）（10×10-4）÷4=24　　　　　（32）12×（3-5÷2）=24

（33）11×（1+2）-9=24　　　　　　（34）4×11-（9+11）=24

（35）9×10-6×11=24　　　　　　　（36）2×（2×11-10）=24

15. 有诈的扑克游戏

♠ **游戏器具**

一副扑克牌，去掉大小王。

♥ **游戏玩法**

表演者模仿街边小摊贩，在身前画一个圆圈，周围摆满奖品，有钟表、玩具等。表演者拿出一副扑克牌（去掉大小王），让观众随意摸 2 张牌，并事先说好向哪个方向点数。观众将摸出的 2 张牌上的数字相加（A、J、Q、K 分别看作 1、11、12、13），得到几就从几开始按事先说好的方向点数（从"得到几"的这个数字开始点），点到数字几，数字几跟前的奖品就归观众，唯有点到一个位置（如右图），观众必须交 2元钱（非真交钱，模拟交易即可），其余的位置不需要交钱。

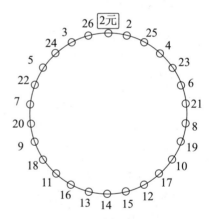

你能发现其中之"诈"吗?

♣ **游戏目的**

带学生步入社会实践，学会用数学的眼光发现问题，体验奇偶分析，培养观察能力和思维能力。

◆ **游戏解答**

这个游戏我们在现实生活中会碰上，有人可能会想：真是太便宜了，不用花钱就可以玩游戏，而且得到奖品的可能性"非常大"，而交2元钱的可能性"非常小"。

然而，事实并非如此！

当我们在旁边观察一会儿就会发现，凡是参与游戏的游客不是点到2元钱处就是点到一些廉价的小物品旁，而钟表等贵重物品没有一个游客点到。这是怎么回事？难道其中有诈？

其中真的有诈！

我们从上图可以看到：圆圈上的任何一个数字左转或者右转，到"2元"位置的距离恰好是这个数字。这就表明，摸出的扑克牌的数字之和无论是几，左转或者右转必定有一个会点到"2元"。即使点不到"2元"，也只会点到奇数位置，绝不会转到偶数位置。

这是为什么？

因为如果摸出的扑克牌数字之和为奇数，从对应的数字开始点，相当于增加了"偶数"，而奇数＋偶数＝奇数；如果摸出的扑克牌数字之和为偶数，从对应的数字开始点，相当于增加了"奇数"，偶数＋奇数＝奇数。

我们再仔细观察圆圈上的奖品会发现，凡是贵重物品，必放在偶数数字前，而奇数数字前只放一些廉价的小物品。由于无论怎么点也不会点到偶数数字上，所以参与游戏的人就不可能得到贵重的奖品。

对于小摊贩来说，游客花2元钱与得到的小物品的可能性都是一样的，概率都是0.5，所以相当于摊贩将每件小物品用2元钱的价格卖了出去。

16.3 张牌排序（2）

♠ **游戏器具**

一副扑克牌。

💜 游戏玩法

把三张扑克牌牌面朝下摆成一排。已知：

（1）方块紧邻在 J 的右边；

（2）梅花紧邻在方块的左边；

（3）A 紧邻在 K 的左边；

（4）红心不在 K 的右边。

你能确定这三张扑克牌及其排序吗？

♣ 游戏目的

培养学生的方向感、推理能力和调整能力。

◆ 游戏解答

17. 朝上还是朝下

♠ 游戏器具

一副扑克牌。

💜 游戏玩法

观众从扑克牌中取出一二十张扑克牌，一部分牌面朝上，一部分牌面朝下。表演者看一眼后转过身，观众将桌面上的牌每次随意翻两张——可以翻两张都朝上的，也可以翻两张都朝下的，还可以翻一张朝上和一张朝下的。翻完后，将其中一张牌用纸张盖住，表演者可以说出这张牌的牌面是朝上还是朝下吗？

♣ **游戏目的**

感受奇偶分析，培养学生的观察能力和思维能力。

◆ **游戏解答**

表演者看一眼是朝上的还是朝下的少，比如，朝上的少，就记住朝上的是奇数还是偶数张牌。

表演者转回身来，若看见朝上的奇偶性不变，则被纸张盖住的扑克牌牌面朝下；若看见朝上的奇偶性有变化，则被纸张盖住的扑克牌牌面朝上。

原理：每次翻两张，不会改变朝上或朝下的奇偶性。

18.9 翻5

♠ **游戏器具**

任意9张扑克牌。

♥ **游戏玩法**

如下图所示，有9张扑克牌正面朝上放在桌上。现在要求把它们全部翻成反面朝上，但每次必须同时翻5张牌。

请问最少需要翻几次？

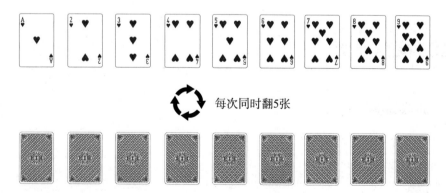

每次同时翻5张

♣ 游戏目的

培养学生的观察能力、想象能力和深度分析能力。

◆ 游戏解答

牌面朝上用"+"表示，牌面朝下用"−"表示，答案之一：

原始状：＋＋＋＋＋＋＋＋＋；

第一次：－－－－－＋＋＋＋；

第二次：－－＋＋＋－－＋＋；

第三次：－－－－－－－－－。

♠ 游戏说明

可以直接告诉学生共翻 3 次，适当降低难度。

在这个游戏中，教师要"教思维"：

原始状：＋＋＋＋＋＋＋＋＋。

第一翻：－－－－－＋＋＋＋。

第二翻有：翻 5−、0+，存 9+，回到原始状，不符；翻 4−、1+，存 7+，还得继续翻 2 次以上；翻 3−、2+，存 5+，再翻 1 次可行；翻 2−、3+，存 3+，还得继续翻 2 次以上；翻 1−、4+，存 1+，还得继续翻 2 次以上。

所以唯有翻 3−、2+，可以实现 5+。

第二翻：－－＋＋＋－－＋＋。

第三翻：－－－－－－－－－。

19. 变与不变

♠ 游戏器具

任意 9 张扑克牌，不含 10、J、Q、K、大小王。

请全班学生先将 9 张扑克牌摆成下图的样子。

教师让全班同学求出这三个三位数（每行为一个三位数）的和，是 1676。之后，教师让学生各自先将百位数上的 3 张牌打乱重新排，再将十位数上的 3 张牌打乱重新排，最后将个位数上的 3 张牌打乱重新排。

教师又让学生各自计算一下重新排好后的三个三位数的和，学生惊奇地发现，大家所求的和都是 1676。

为什么会这样?

♣ **游戏目的**

初识"乱序"和"变与不变"，感受代数推理的神奇。

◆ **游戏解答**

设三个三位数分别为：$abc=100a+10b+c$，$lmn=100l+10m+n$，$uvw=100u+10v+w$。

不论三个百位数、十位数、个位数怎么改变顺序，得到三个新的三位数之和都是 $100(a+l+u)+10(b+m+v)+(c+n+w)$，和不变。

♠ **游戏说明**

0 也可以列入，比如用牌背朝上表示 0。此外，这个游戏可以推广到一般情形，比如四个四位数的"乱序"与"求和"。

20. 底部那张牌

♠ **游戏器具**

一副扑克牌。

♥ **游戏玩法**

表演者背对观众，观众洗牌并从中抽取 n 张牌（小于 15）组成一叠牌。观众要记住这叠牌底部的那张牌 X，然后把这叠牌放回到其他牌的上面。表演者转过身，把这副牌放到其背后，从上面数 15 张牌，不变换顺序，把这 15 张牌移到这副牌的底部。

然后，表演者把这副牌递给观众，再转身，同时请观众核对他记的那张牌已经不再位于前面的 n 张牌里面，再请观众把上面的 n 张牌移到这副牌的底部。

接着，表演者重新拿过牌，再放到背后，把底部的 15 张牌移到顶部，整叠移动。这副牌底部的那张牌就是观众记住的那张牌。

这是怎么回事呢？

♣ **游戏目的**

初识数的对合，培养学生的想象能力和推理能力。

♦ **游戏解答**

第一次移牌：X 前有 $15-n$ 张牌；第二次移牌：X 前有（$15-n$）$+n=15$ 张牌；第三次移牌：X 前有 0 张牌，即 X 就是底部的那张牌。

这个游戏是以"（$15-n$）$+n=15$"为基础，两次移牌相互抵消。

21. 第19张牌

♠ 游戏器具

一副扑克牌。

♥ 游戏玩法

表演者将一副扑克牌交给观众洗牌，背过身，请观众选20~29张牌，然后请观众记住某张牌，所记之牌位于所选的牌数的两个数字相加之和所对应的位置（从底部往上数）。比如，观众选了24张牌，他要看一下从底部往上数的第6张牌，因为2+4=6。然后把剩下的牌放到底部，以防表演者看出选了多少张牌。

表演者为增加表演效果，此时可以背一首唐诗，在不经意间突然翻出观众记住的牌，而且准确无误。

你能解密吗?

♣ 游戏目的

初识"变与不变"，学会简单的代数推理。

♦ 游戏解答

观众并不知道他在这种方法下所看的牌是从上往下数的第19张，也不知道无论选择多少张牌，19这个数都是不变的。比如，若选择25张牌，从下往上数的第7张牌是位于从上往下数的第19张牌；若选择26张牌，从下往上数的第8张牌也是位于从上往下数的第19张牌，以此类推。

这是这个魔术中的一个不变量。

数学原理：$20+n-(2+n)=18$，即观众记住的牌，上面有18张，所以观众记住的牌就是第19张牌。表演者背一首唐诗，背到第19个字时，瞬间翻牌，便是观众所记之牌。

本游戏可请观众选的牌数为 10~19，或 30~39，或 40~49，其中的"不变量"分别为 10、28、37。

22. 计时 45 秒

♠ 游戏器具

若干副扑克牌。

♥ 游戏玩法

甲、乙、丙三人，每个人独自一张一张抓牌，抓完一副牌需要的时间都是 60 秒。现在有若干副牌，请问如何用抓牌的方法来计时 45 秒？

♣ 游戏目的

培养学生的计算能力和综合思维能力。

◆ 游戏解答

先拿两副牌，甲和乙轮流一起抓其中的一副，丙独自抓另一副。等第一副抓完，即 30 秒后，甲和丙轮流一起抓，这样剩下的牌还需要 15 秒抓完。加起来就是 45 秒。

23. 三算 10 张和

♠ 游戏器具

一副扑克牌，去掉大小王。

❤ 游戏玩法

表演者先将 40 张牌展示给观众看，请观众将 40 张牌的牌背朝上，并按顺序洗牌法洗牌，然后把 40 张牌牌背朝上放在桌上，再把余下的洗乱的 12 张牌放在 40 张牌上。

请观众取出这副牌上面的 10 张求和，假设为 U；把这 10 张牌拿出 6～10 张放到这副牌的底部，再取出这副牌上面的 10 张求和，假设为 V，一般情况下 $U \neq V$；继续把这 10 张牌拿出 6～10 张放到这副牌的底部。现在再取出这副牌上面的 10 张求和，你能报出求和的结果吗？

♣ 游戏目的

感受周期之妙，培养学生的运算能力。

◆ 游戏解答

前面的 40 张牌做了"手脚"，比如按"6—A—8—K—4—2—10—7—Q—5"的周期，这样的求和结果就是 68。

24. 五打一（1）

♠ 游戏器具

一副扑克牌。

❤ 游戏玩法

甲、乙、丙、丁、戊、己六个人一起打牌，其中前五个人一组，己一个人一组。按甲、乙、丙、丁、戊、己的顺序依次出牌。

六个人手中的牌分别如下。

甲：3、5、大王；乙：Q、Q；丙：3、5、小王；丁：6、6；戊：7、7、2；己：2。

其中 3 最小，王最大。可以出单牌，也可以出对子。如果一个人出完了所有牌且没人能压住，则他后面的人继续出牌。

请问：如何才能让五人小组获胜？

♣ 游戏目的

培养学生的观察能力和对策思维能力。

◆ 游戏解答

甲先出 5，丙出小王，甲用大王管上，接着出 3，丙出 5，丁出 6，戊出 2，然后出对 7，乙出对 Q，没人管则丙出 3，丁出 6，五人小组获胜。

25. 2 张牌编码

♠ 游戏器具

一副扑克牌中所有的 A~10，共 40 张。

♥ 游戏玩法

表演者回避，观众从 40 张扑克牌中任取 3 张点数都不同的牌交给助手，指定一张牌 X 盖住，助手将剩余的 2 张牌和 X 放在一行，请表演者回来。表演者看一眼（如果剩余的 2 张牌都盖住的话，可以翻看一眼），就能猜出 X。

你会成为助手帮助表演者吗？

♣ 游戏目的

培养学生数学游戏的设计意识和实际操作水平，学会提供编码信息，培养学生的观察能力、记忆能力和运算能力。

◆ 游戏解答

除了观众盖住的牌 X，我们将剩余的 2 张牌分别记为 U、V，并默认可在 X 上放一枚棋子，巧妙"约定"，可以产生很多信息码。

（1）X 左侧明牌一张接一张：暗示"黑桃"，且 UVX，$\blacksquare VX$，$U\blacksquare X$，$\blacksquare\blacksquare X$（$\blacksquare$ 表示牌背朝上），给出 8 个信息码，扣除 2 张明牌，实质上是 10 个信息码；X 右侧明牌一张接一张：暗示"红心"，且 XUV，$X\blacksquare V$，$XU\blacksquare$，$X\blacksquare\blacksquare$，给出 8 个信息码，扣除 2 张明牌，实质上是 10 个信息码；X 右侧明牌"压半张"：暗示"梅花"，类似地给出 10 个信息码；X 左侧明牌"压半张"：暗示"方块"，类似地给出 10 个信息码。

有了"花色"和 10 个信息码，表演者就能猜中 X。

说明：扣除 UV 后，X 有 8 个序位。UV 状管序位 1、2：$U>V\rightarrow 1$，$U<V\rightarrow 2$；$\blacksquare V$ 状管序位 3、4：$\blacksquare>V\rightarrow 3$，$\blacksquare<V\rightarrow 4$；$U\blacksquare$ 状管序位 5、6：$U>\blacksquare\rightarrow 5$，$U<\blacksquare\rightarrow 6$；$\blacksquare\blacksquare$ 状管序位 7、8：左 > 右 $\rightarrow 7$，左 < 右 $\rightarrow 8$。

如 A、3、9 三张牌，若黑桃 9 为 X，则扣除 A、3 后，9 的序位为 7，助手摆成 $\blacksquare\blacksquare X$，表演者翻看两张 $\blacksquare$，发现左 > 右，推出序位 7，猜出黑桃 9。

（2）如果在（1）的基础上，设计"X 居中"，8 个暗示"桃 J 桃 Q 心 J 心 Q 梅 J 梅 Q 方 J 方 Q"，这样，就有 48 个信息码了，游戏器具就可以改为"一副去掉 4 个 K 和大小王的扑克牌"。

（3）对幼儿园的小朋友，可以这样玩：

玩法 1：甲乙丙三人游戏，甲从红心 A、2、3、4 中任取 3 张，盖住一张牌 X，乙摆放剩余的 2 张牌，牌面朝上成一行。"约定"：X 放左边，小大 $\rightarrow 1$，大小 $\rightarrow 2$；X 放右边，小大 $\rightarrow 3$，大小 $\rightarrow 4$。丙就能根据"约定"猜中 X。

玩法 2：甲乙丙三人游戏，甲从红心 A、2、3、4、5、6 中任取 3 张，盖住一张牌 X，乙摆放剩余的 2 张牌，牌面朝上成一行。"约定"：X 放左边，小大 $\rightarrow 1$，大小 $\rightarrow 2$；X 放右边，小大 $\rightarrow 3$，大小 $\rightarrow 4$。丙就能根据"约定"，扣除 2 张明牌，依序顺推，猜中 X。

玩法 3：甲乙丙三人游戏，甲从红心 A、2、3、4、5、6、7、8、9、10 中任取 3 张，盖住一张牌 X，乙摆放剩余的 2 张牌，牌面朝上成一行。"约定"：X 放左边，小大 $\rightarrow 1$，大小 $\rightarrow 2$；X 放右边，小大 $\rightarrow 3$，大小 $\rightarrow 4$；X 放左边且"压半张"，小大 $\rightarrow 5$，大小 $\rightarrow 6$；X 放右边且"压半张"，小大 $\rightarrow 7$，大小 $\rightarrow 8$。丙就能根据"约定"，扣除 2 张明牌，依序顺推，猜中 X。

26. 5Q 归一

 ♠ **游戏器具**

5 张 Q 和任意 5 张杂牌（不含 Q）。

♥ **游戏玩法**

表演者按下图所示摆放好牌（任选 5 张杂牌），牌背朝上洗牌，之后左手持牌，将顶部第一张牌放到底部，再把第二张牌放到底部，依次进行，当翻到第六张时，把牌翻开。连续 5 个循环，会连续出现 5 张 Q。为什么？

♣ **游戏目的**

体验周期，尝试数学推算。

◆ **游戏解答**

所谓"洗牌"，其实是顺序洗牌法加上"识记张数"，把牌洗回原状。如牌背朝上，从上往下分别取 3 张、2 张、5 张放在底部（整叠取，整叠放），共放 10 张，就洗回原状；又如，先从上往下放 8 张，再从下往上放 5 张，再从上往下放 7 张，也是从上往下放了 10 张，就洗回原状。

有兴趣的读者可以用编号方法推演一下。

27. 8 张蒙日洗牌

♠ 游戏器具

一副扑克牌某种花色的 A~8。

♥ 游戏玩法

8 张牌的牌背朝上，将 A~8 自上而下排好，用蒙日洗牌法洗牌。

洗完四次后，表演者将 8 张牌置于身后，请观众从 A~8 中选一个数报出来。为增加表演效果，表演者也可以在背诵唐诗的过程中，在不经意间从背后翻出观众所报之数。

这是为什么？

♣ 游戏目的

体验数学实验和周期现象，培养学生的推演能力。

◆ 游戏解答

《数学游戏与欣赏》一书指出：如果牌的总数为 2^n 张，那么洗 $n+1$ 次就可以恢复原来的顺序。比如，8 张牌，洗四次就可以恢复原来的顺序。由此，我们就可以生成新的游戏，适合小学中高年级的学生玩。又如，16 张牌，洗五次就可以恢复原来的顺序。由此，我们也可以生成新的游戏，适合中学生玩。

本游戏就是利用这个结论设计的，洗四次后 A~8 的顺序复原。假设观众报数为 6，表演者把背后的牌往下移除 5 张，此时顶部的那张就是第六张，就可以翻牌了。

8 张蒙日洗牌的变化如下表：

原始	A	2	3	4	5	6	7	8
1洗	8	6	4	2	A	3	5	7
2洗	7	3	2	6	8	4	A	5
3洗	5	4	6	3	7	2	8	A
4洗	A	2	3	4	5	6	7	8

我们可以看到：1 洗、2 洗、3 洗、4 洗，8 个位置上的四次的数字都不同。假如有 16 张牌，洗五次，是否次次不同？有兴趣的读者可以自行探索。

28. 9 张牌魔术

♠ 游戏器具

一副扑克牌。

♥ 游戏玩法

表演者在桌上摆出三堆牌，其中一堆有 2 张，另两堆均为牌背朝上的 5~9 牌点的牌（记为堆 1、堆 2），剩余牌放一旁。观众在堆 1 和堆 2 中任取一张，翻开放在该堆上，形成 "$x2y$" 数组（x、y 为牌的点数）。

表演者从剩余牌中任取 9 张，让观众看一眼牌堆顶的第三张牌（要让这一步看起来是随机的），并对表演者保密。第一次，观众从牌顶一张一张取出 x 张牌放到桌上，再把剩余的牌放在这叠牌上；第二次，观众取出牌堆顶（此时的牌堆是上一步完成后形成的）的 2 张牌，并按前法放到牌堆底；第三次，观众取出牌堆顶的 y 张牌，并按前法放到牌堆底。

完成这些操作后，表演者把这 9 张牌拿起来，若有所思地看一看，然后告诉观众哪张牌是观众此前看到的那张。

这个游戏为什么会成功呢？

♣ 游戏目的

让学生学会代数推理，体验数学变换之神奇。

♦ 游戏解答

其实，观众看的那张牌一定就是牌堆里处在中间的那一张，即从上往下或从下往上数的第五张牌。感兴趣的读者可以用数学方法推理一下。

事实上，只要形成 "$x2y$"（x、y 均不小于 5），这个游戏就能成功；或 "$x2yz$"

（x、y、z 均不小于 5），操作四次，也能成功。

29. 逼近价格

♠ 游戏器具

一副扑克牌中的 A~9，2 枚圆形小棋子。

♥ 游戏玩法

甲乙轮流各取 3 张牌，如甲取 4、7、9，乙取 3、8、9。老师迅速报出一本书的价格（比如 10 元），甲乙分别用 3 张牌和小棋子（作为"小数点"）"报价"：甲 9.74 元，乙 9.83 元，乙的"报价"最接近书的价格，乙胜。比如书的价格为 9 元，甲乙分别"报价"：甲 9.47 元，乙 8.93 元，乙的"报价"最接近书的价格，乙胜。

♣ 游戏目的

感受"逼近"，学会使用小数点，培养学生的对策意识。

♦ 游戏解答

略。

30. 估与算

♠ 游戏器具

一副扑克牌中的 A~9。

♥ 游戏玩法

甲乙丙各抽 3 张牌，将 3 张牌排成一行，各自随机组成一个三位数，用最大数减去第二大的数，然后加上最小数。甲乙丙三人各自报出估算的值，看谁估的最接近实际。

比如，甲取 9、4、3，乙取 6、8、5，丙取 2、9、8。甲乙丙分别排成 943、685、298。

甲估算：900-600+300=600。

乙估算：940-640+300=600。

丙估算：980-680+260=560。

实际：943-685+298=556。

丙估算的数最接近实际，丙胜出。

♣ 游戏目的

培养学生的估算能力和计算能力。

◆ 游戏解答

略。

♠ 游戏说明

（1）每三张牌实际上有六种排列方式，故每次抽牌可以多次玩。

（2）计算规则可以用"+、+""+、-"或"-、-"（在不出现负数的情况下）代替。

31. 黑红互换

♠ 游戏器具

一副扑克牌中取 n 张黑色扑克牌和 n 张红色扑克牌，牌背朝上分成黑色牌堆和红色牌堆。

♥ 游戏玩法

黑色牌放左堆，红色牌放右堆。从左堆牌中任取 x 张牌放到右堆牌里，右堆牌洗牌后任取 x 张牌放回左堆中。

请问，此时是左堆牌中的红色牌多，还是右堆牌中的黑色牌多？

♣ 游戏目的

培养学生的想象能力、思维能力和推演运算能力。

◆ 游戏解答

假设左堆牌中的红色牌有 y 张，则左堆牌中的黑色牌有 $n-y$ 张，右堆中的黑色牌有 $n-(n-y)=y$ 张。

所以，左堆中的红色牌与右堆牌中的黑色牌一样多。

32. 扑克牌的长与宽

♠ 游戏器具

任意一张扑克牌。

♥ 游戏玩法

用尺子量一下扑克牌的长度 x 与宽度 y。

（1）研究一下扑克牌的长度与宽度和国旗的长度与宽度的关系。

（2）研究一下扑克牌的 $x\div(x+y)$ 的值。

♣ 游戏目的

感受黄金分割。

◆ 游戏解答

黄金分割是指将整体一分为二，较大部分与整体部分的比值等于较小部分与较大部分的比值，其比值约为 0.618。这个比例被公认为是最能引起美感的比例，因此被称为黄金分割。

市面上多数扑克牌 $x\div(x+y)=8.8\div(8.8+5.7)\approx0.607$，接近黄金分割。

33. 扔牌游戏

♠ 游戏器具

一副扑克牌，去掉大小王。

♥ 游戏玩法

选 2~5 个学生，每人先发 5 张牌。每人依次轮流出牌，但只能出 3 的倍数，如 3、6、9、Q（12）。没有 3 的倍数的需要组合，即把牌总数相加，相加后是 3 的倍数的要去掉，如 A 和 8，1+8=9，9 为 3 的倍数，此时需要把 A 和 8 都去掉，然后根据去掉的张数摸牌，去掉多少张就摸多少张，直至把剩余的牌摸完。摸完所有的牌后，两两开始抽牌，牌数最少的人先开始，抽到的牌如果可以和自己的一张牌凑成 3 的倍数，则同时去掉这两张牌（如抽到 4，自己有一张 5，4+5=9，9 是 3 倍数，就把 4 和 5 同时去掉）；如果没有，则等候下一次抽牌。第一个出完牌的人获胜，最后没有把牌出完的人失败。

举例：学生甲的牌是 A（1）、3、8、5、J（11），他去掉了其中的 3，A（1）和 8 相加为 3 的倍数（1+8=9），也去掉，然后摸 3 张。

所有的牌都摸完后，学生甲手里的牌是 2、2、2、5、8、J（11），他需要抽对方的牌来组成 3 的倍数，才能去掉自己手里的牌。先出完的获胜。

♣ 游戏目的

深悟 3 的倍数的特征，考查学生通过加找到 3 的倍数的能力。

◆ 游戏解答

略。

♠ 游戏说明

改变游戏规则：抽牌后与自己的一张牌不再求和，改为组成一个两位数。

这个两位数如果是 3 的倍数，则同时去掉这两张牌（如抽到 4，自己有一张 5，4 和 5 可以组成 45 或 54，45 或 54 是 3 的倍数，就把 4 和 5 同时去掉）；如果没有，则等候下一次抽牌。

也可随时调整难度，如抽两张牌或三张牌，组成一个三位数，需要这个三位数是 3 的倍数等。

此游戏还可以拓展到其他数的倍数。

34. 三堆寻牌

♠ 游戏器具

A~Q 共 12 张花色不尽相同的牌，比如右图所示的 12 张牌。

♥ 游戏玩法

观众充分洗牌后，牌背朝上，把牌分成三叠，每叠 4 张。

表演者背对观众，观众任选一叠把牌面朝上展开，从左到右选中一张牌并记住是第几张。比如，观众记住了某叠牌中的第四张为黑桃 A，然后把牌盖回去。

表演者转回身，问观众看的是哪堆牌。明确后，表演者把三叠牌收起（先收观众看的那叠，一叠压一叠）。接着从左到右发三张牌，累加成新的三叠；然后把牌从左到右收起来，重复前一步再发两次。把牌收起来，问观众："你刚才看的是第几张牌？"观众答："第四张"。表演者把牌交给观众，请观众从牌底往上数到第四张，并翻开——黑桃 A！好神奇啊！

♣ 游戏目的

体验数学变换之神奇，培养学生的动手能力和数学推演能力。

◆ 游戏解答

表演者明确观众选哪堆牌后，收牌时把这堆牌放在顶部。

变换三次后，从下到上的四张牌分别是观众看的那叠牌的第一、第二、第三、第四张牌。

推演过程：

表演者收牌时，将观众看的那叠牌放在顶部，平分三叠，变换三次，序列如下。

原始序列：1234XXXXXXXX（1234 为观众选的那堆牌的前四张牌的编号，X 为其他牌编号，1 为顶牌）；

发一次牌后收牌：XX41XXX2XXX3；

发二次牌后收牌：XX1XX2XX3XX4；

发三次牌后收牌：XXXXXXXX4321。

35. 谁的和最大

♠ 游戏器具

一副扑克牌。

♥ 游戏玩法

表演者拿出一副扑克牌，牌背朝上交叉洗牌后，从顶部从上到下拿出 6 张扑克牌，在桌上按右图摆放。

请六位观众按顺时针方向取牌：第一位观众取 1、2、3 位上的牌，手机拍照保存后，将牌放回原位；第二位观众取 2、3、4 位上的牌，手机拍照保存后，将牌放回原位……第六位观众取 6、1、2 位上的牌，手机拍照保存后，将牌放回原位。

六位观众各自求和后，相互悄悄对比，三个数的和的最大者举手，表演者就能说出六位观众各拿了什么牌。

你知道其中的奥秘吗？

♣ 游戏目的

体验"完全和"，学会倒推，培养学生的记忆能力和运算能力。

◆ 游戏解答

表演者事先将顶部的 6 张牌按 A、4、6、2、5、3 和"桃心梅方"周期顺序排放。6 张牌牌背朝上放在顶部，交叉洗牌时注意不要影响到顶部的 6 张牌。

相邻 3 张牌的和是 11、12、13、10、9、8。和是唯一的（这六个数称为"完全和"数），且是连续的数字，方便记忆。

和的最大数是 13，表演者倒推出对应的 3 张牌是梅花 6、方块 2、黑桃 5（如右图）。其余五位观众的牌也可以一一倒推出来。

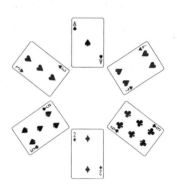

♠ 游戏拓展

本游戏还可以这样玩：

（1）请三位观众依次拿牌：第一位观众任取一张，第二位观众从与那张牌相邻的两张牌中任取一张，第三位观众从两张牌打开的缺口边缘任取一张。三位观众看牌求和后告诉表演者，表演者就能说出观众各自手上的牌。比如，观众报 10，表演者倒推出对应的牌点数是 2、5、3，结合"桃心梅方"的周期顺序，可推出 3 张牌分别是方块 2、黑桃 5、红心 3。

（2）将六位观众的"求和"改为"求积"，请任一观众报计算结果。六个积分别是 24、48、60、30、15、12。比如，表演者可以从积为 48 倒推出对应的牌点数是 4、6、2，结合"桃心梅方"的周期顺序，就可以说出六位观众手上的牌了。

36. 数字陷阱

♠ 游戏器具

一副扑克牌，去掉 10、J、Q、K 和大小王。

♥ 游戏玩法

请观众充分洗牌，抽取第一张牌，将第一张牌的点数乘以 2 后加上 5，再把结果乘以 5；观众再抽取第二张牌，将前面运算的结果加上第二张牌的点数，把最后得数告诉表演者。表演者就能猜中这两张牌。

你知道其中的奥秘吗？

♣ 游戏目的

感受运用数学知识的妙趣，培养学生的运算能力、推理能力。

◆ 游戏解答

设观众抽取的第二张牌点数为 x，第二张牌点数为 y，观众告诉表演者的数为：$(2x+5) \times 5+y=10x+y+25$。

表演者可以将最后得数减去 25，十位上的数字就是第一张牌 x，个位上的数字就是第二张牌 y。

举例：若 $x=3$，$y=8$，则结果为 63，63−25=38，表演者说第一张牌是 3，第二张牌是 8。

若 $x=6$，$y=9$，则结果为 94，94−25=69，表演者说第一张牌是 6，第二张牌是 9。

37. 四位观众

♠ 游戏器具

一副扑克牌。

♥ 游戏玩法

甲乙丙丁四位观众参与游戏：每人随机取 5 张牌，然后将 5 张牌牌背朝上，并记住第五张（即最底下的那张）。

甲记住的牌是 X，牌背朝上将 5 张牌放在桌上；乙记住的牌是 Y，牌背朝上将 5 张牌放在甲的那堆上；丙记住的牌是 U，牌背朝上将 5 张牌放在乙的那堆上；丁记住的牌是 V，牌背朝上将 5 张牌放在丙的那堆上。

表演者请他们说一个 11~19 的数，比如 13。表演者请甲从整叠牌上面一张一张取出放在桌上（第 $n+1$ 张放在第 n 张上），共取 13 张，然后把剩余的 7 张牌直接放在上面。乙、丙、丁同样操作一遍。

现在将整叠牌牌背朝上放到表演者身后的手上。为增加表演效果，表演者可现场背一首唐诗，背完第一句，翻出 X；背完第二句，翻出 Y；背完第三句，翻出 U；背完第四句，翻出 V。甲乙丙丁惊愕！

请问，这是为什么？

♣ 游戏目的

让学生学会具体推演，体验周期现象，逐步尝试一般性证明。

◆ 游戏解答

我们以 9 张牌为例。牌背朝上，每次一张一张从上往下放，放 5 张。推演过程如下：

原始状：XYZ123456（X 为底牌编号，6 为顶牌编号）；

甲操作：65432XYZ1；

乙操作：1ZYX26543；

丙操作：345621ZYX；

丁操作：XYZ123456。

一般情况，按这种操作，一叠 n 张牌，一张一张从上往下放 k（$k \geqslant \dfrac{n}{2}$）张，四次后所有的牌又恢复到原始状态。

本游戏就是根据这个原理设计的。我们还可以据此设计出不同玩法的游戏。

38. 孪生牌

♠ 游戏器具

一副扑克牌，去掉大小王。

♥ 游戏玩法

表演者洗牌后展开一副牌，请观众找出两张指定的牌（比如红心5和方块7）。表演者收牌，牌背朝上洗牌，然后将牌交给观众，从上到下一张压一张形成一叠，压几张由观众确定。观众不发牌后，将桌上的红心5牌面朝上放在这叠牌的上面，再把手上剩余的牌牌背朝上放在红心5的上面，接着把桌上的方块7放在牌的顶部，最后切一次牌。

展开整叠牌后，奇迹出现了：红心5旁边是方块5，方块7旁边是红心7。"孪生"牌！动手试试吧！

♣ 游戏目的

让学生学会简单组合，培养观察能力和想象能力。

♦ 游戏解答

表演者展开牌后，观察一下两端的牌。假设两端的牌是方块5和红心7（如下图），则指定的两张牌为红心5和方块7（根据两端牌，花色不变，点数互换，或点数不变，花色互换）。观众按照表演者的指令操作，就能发生奇迹。

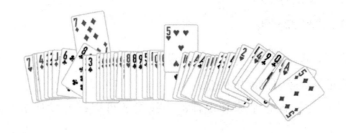

需要注意几个细节：

一是如果两端的牌花色相同，表演者可以再次洗牌，直至两端的牌花色不同。二是如果两端的牌点数相同，有两种处理方式——处理 1：重新洗牌；处理 2：请观众找出另外两张相同点数的牌（比如两端为黑桃 2 和方块 2，就请观众找出红心 2 和梅花 2），效果也许更好。三是从左到右展开牌后的第一张，是切牌前的底牌，切牌后就和后放的那张牌"对接"了，所以左牌的点数要让观众后放，表演者指令要准确。四是观众最后一次切牌时，不宜切在两张明牌处。

39. 互换一张

♠ 游戏器具

一副扑克牌。

♥ 游戏玩法

将一副扑克牌一分为二，并由两位观众各取一叠进行彻底洗牌。两人从各自的牌中取出一张并记牌，然后互相交换插入各自手里的牌堆中。两人再次洗牌后，交给表演者（表演者全程避开），表演者很快就能将这两张牌找出来。

♣ 游戏目的

体验"唯一性"，学会变式，培养学生的分类能力和概括能力。

◆ 游戏解答

表演者事先将牌分为奇数牌和偶数牌，小王归奇数，大王归偶数。

交换后奇数堆里只有一张是偶数牌，偶数堆里只有一张是奇数牌，表演者自然很容易就找出来。

♠ 游戏说明

两堆牌也可以是质数牌与非质数牌、斐波那契数牌与非斐波那契数牌、中心对称牌与非中心对称牌、除以 4 余 1 或余 2 的牌与除以 4 余 3 或 0 的牌……只要两堆牌有某方面本质不同又便于记识即可。

40. 镜像合作

♠ 游戏器具

两副一样的扑克牌。

♥ 游戏玩法

甲乙面对面坐，各拿一副同样的扑克牌，洗牌。洗牌后两人交换牌，并将牌都牌背朝上放在桌上。甲将约半副牌切到右边，乙将约半副牌切到左边。

甲从自己的左边牌堆顶部取一张翻看，记住，然后放在自己的右边牌堆上，再把左边牌整叠放在右边牌堆上。乙做镜像动作：从自己的右边牌堆顶部取一张翻看，记住，然后放在左边牌堆上，再把自己的右边牌整叠放在左边牌堆上。

甲乙再次交换整副牌，乙从手上的牌中找出自己记住的那张牌，牌背朝上；甲也找一张牌，牌背朝上。两人同时翻开各自盖的那张牌，发现竟然是一样的！

你知道其中的奥秘吗？

♣ 游戏目的

感受"小智慧"带来的乐趣，培养学生的观察能力和想象能力。

◆ 游戏解答

本游戏的关键在于一瞥——甲乙交换牌之前，甲偷瞥一眼自己那副牌的底牌 X。假设乙记住的牌为 Y，经镜像操作后，X 就在 Y 的上面。

甲乙交换牌后，乙会从牌中找出 Y，甲也会从牌中找出 X 下面的那个 Y。

41. 算得快

♠ 游戏器具

一副扑克牌。

♥ 游戏玩法

观众充分洗牌后，牌背朝上，将牌大致平分成三份。从中挑一份，数一下共有几张，比如有 16 张。观众先从中取一张牌当作 10，再从中取 6 张牌，合起来就是 16。之后观众从剩下的牌中任取一张（记作 X），然后把 X 放在牌背顶部，再把刚才取出的"16"张牌（实际上是 7 张牌）叠上去。

观众把牌面向上展开，表演者很快就能找到 X。

♣ 游戏目的

培养学生的数学推演能力。

◆ 游戏解答

三分之一左右的牌一般是 10~20 张。设三分之一牌的张数为 $10+a$，观众先取出 $1+a$ 张牌，由 $10+a-(1+a)=9$，可知 X 是在牌面向上从上往下数的第九张牌。

42. 纵横和 10

♠ 游戏器具

A、2、2、3、3、5 共 6 张扑克牌（花色不限）。

♥ 游戏玩法

将 2、2、3、3、5 排成"十字形"，横向、纵向之和都为 10（如右图）。

再放一张 A，如何调整牌型，使牌型仍为"十字形"（允许有一个位置上有两张牌重叠），且横向、纵向之和也都为 10？

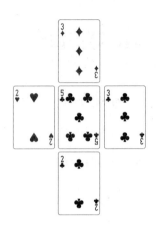

♣ 游戏目的

培养学生的运算能力和推理能力，突破思维定式。

◆ 游戏解答

20−16=4，所以会有一个数或两个数"多用一次"，才会多出 4。"多用一次"的数就是放在中心位置的数。

任何一个数"多用一次"，都不会多出 4；两个数加起来"多用一次"，会多出 4 的，只有 1 和 3 组合、2 和 2 组合。

（1）若 1 和 3 组合，则数字 5 的对称面就不会有数字 1，其和不为 10；

（2）若 2 和 2 组合，则数字 5 的对称面是数字 1，数字 3 的对称面是数字 3。

综上，中心位置应放 2 和 2，剩余牌的摆放见右图。

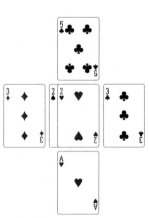

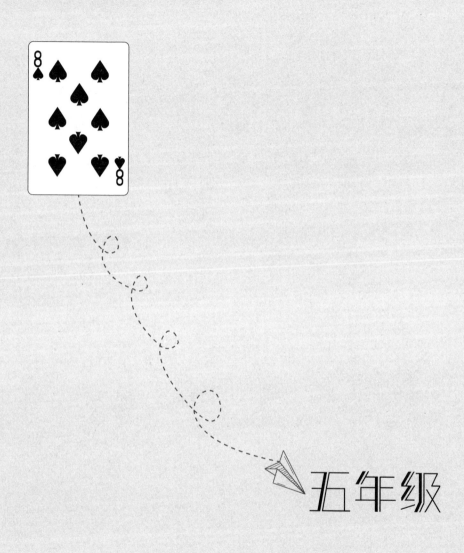

五年级

1. 摆放扑克牌

♠ 游戏器具

一副扑克牌中所有的 J、Q、K 和 A，共 16 张扑克牌，一个 4×4 图纸。

♥ 游戏玩法

玩法 1：将 16 张扑克牌放入 4×4 图纸中，使得每行、每列和每条对角线上都有 J、Q、K、A 各一张。

玩法 2：将 16 张扑克牌放入 4×4 图纸中，使得每行、每列和每条对角线上都有 J、Q、K、A 各一张，且每行、每列和每条对角线上的 4 张牌都有 4 种花色。

♣ 游戏目的

培养学生的观察能力、调整能力和推理能力。

♦ 游戏解答

答案之一：

玩法 1：

A	K	Q	J
Q	J	A	K
J	Q	K	A
K	A	J	Q

玩法 2：

K♦	A♠	J♥	Q♣
J♣	Q♥	K♠	A♦
Q♠	J♦	A♣	K♥
A♥	K♣	Q♦	J♠

2. 超强记忆

♠ **游戏器具**

一副扑克牌中所有的 10、J、Q、K 共 16 张。

♥ **游戏玩法**

老师将 16 张扑克牌牌背朝上，请学生随机抽一张，牌背朝上放在一旁，然后将剩下的 15 张快速看一遍，全部看完后，老师能迅速报出放在一旁的牌的点数。

你能揭开老师"超强记忆"的奥秘吗？你愿意试一试吗？

♣ **游戏目的**

培养学生的数学应用能力和记忆能力。

◆ **游戏解答**

将 10 看成 0，将 J 看成 1，将 Q 看成 2，将 K 看成 3，迅速加一下，若和为 24，则抽出的牌是 10；若和为 23，则抽出的牌是 J；若和为 22，则抽出的牌是 Q；若和为 21，则抽出的牌是 K。

3. 多少次相同

♠ **游戏器具**

一副扑克牌，去掉大小王。

♥ **游戏玩法**

将扑克牌认真洗过牌后，平分成甲、乙两组（每组 26 张）。经过 52 次这样的洗牌、平分后，至少有多少次甲组中黑牌的张数与乙组中红牌的张数相同？

培养学生的数学应用能力，感受数学之妙趣。

◆ 游戏解答

千万不要被问题迷惑！每次甲、乙两组都是 26 张，而甲组 26 张中有多少张黑牌，乙组 26 张中就有多少张红牌，所以每次两者都相同。问题的答案是，52 次都相同。

♠ 游戏拓展

如果将去掉大小王的扑克牌分成两组，甲组 30 张，乙组 22 张，那么甲组中黑牌的张数比乙组中红牌的张数多几张？

答案其实很简单：

26–22=4（张）或 30–26=4（张）。

可以这样理解：假设一开始乙组 22 张都是红牌，则甲组有 26 张黑牌和 4 张红牌，此时甲组的黑牌比乙组的红牌多 26–22=4（张）。在甲、乙两组中无论怎样交换牌，只要甲、乙两组的张数各自保持不变，甲组中少多少张黑牌（交换到乙组），乙组中就会少多少张红牌（交换到甲组），所以甲组的黑牌数与乙组的红牌数之差不变，永远是 26–22=4（张）。

4. 反幻方

♠ 游戏器具

红心 A、2、3、4、5、6、7、8、9，共 9 张扑克牌。

♥ 游戏玩法

九宫图也称"三阶幻方"，它有个性质：横的三行、纵的三列，以及两条对角线上各三个数字的和都等于 15。

（1）请摆一个九宫图。

（2）如果一个三阶方阵的任意一行、任意一列，或对角线上的数字的和都不相等，我们就称它为"反幻方"。请问，是否存在三阶反幻方？如果存在，请摆出来。

♣ 游戏目的

体验"都相等"和"都不相等"，培养学生的运算能力。

◆ 游戏解答

（1）答案之一：

（2）三阶反幻方是存在的，不过，要想找到它并不容易。下图的三阶反幻方是美国数学家马丁·加德纳找出的。有趣的是，三阶反幻方中的 9 个数竟然形成接序咬接的"一条龙"。

5. 花色换位

♠ **游戏器具**

一副扑克牌，取出红牌和黑牌各 7 张，摆出下图。

♥ **游戏玩法**

（1）请观众报出不小于所取扑克牌张数一半的某个数字，注意：报出的数字不要超过所取扑克牌的张数，如取了 14 张扑克牌，就得报出 7~14 某个数字。

（2）表演者将牌面朝下，然后将扑克牌交给观众，请观众将扑克牌从顶部取牌，一张压一张，将牌放在桌上，压到观众报的那个数为止，然后将剩余的牌整叠放上去。

（3）重复操作两次。

（4）表演者请观众将牌面按序翻开，结果发现黑色的牌和红色的牌全部换位了（如下图）。

你能表演成功吗？

♣ **游戏目的**

初步尝试代数推理，培养学生从具体到抽象的验算能力，体验数学之神奇。

◆ **游戏解答**

若用代数推演，可先推 14 张，再推 $2n$（n 是正整数）张。

如，设 $n=7$，观众报 9，"+"表示黑，"-"表示红。

从上到下牌序	1	2	3	4	5	6	7	8	9	10	11	12	13	14
初始	–	–	–	–	–	–	–	+	+	+	+	+	+	+
第一次操作	+	+	+	+	+	+	+	–	–	–	–	–	–	–
第二次操作	–	–	–	–	–	–	–	+	+	+	+	+	+	+
第三次操作	+	+	+	+	+	+	+	–	–	–	–	–	–	–

6. 取牌知数

♠ 游戏器具

一副扑克牌。

♥ 游戏玩法

表演者背对观众，请观众取出一些牌分左中右三堆放（每堆均 n 张，$n \geq 5$）。表演者背对观众说："请从左边拿 x 张牌放到中间，再从右边拿 y 张牌放到中间。"然后再说："左边若有几张牌余下，就从中间这堆牌里拿几张放到左边（即左边加一倍）。"如此操作完后，表演者就知道中间这堆牌是几张牌。这是什么原理？

♣ 游戏目的

让学生学会数学推理，感受数学的神奇和力量。

◆ 游戏解答

（1）第一次取牌，三堆牌数分别是：左 $n-x$，中 $n+x$，右 n。

（2）第二次取牌，三堆牌数分别是：左 $n-x$，中 $n+x+y$，右 $n-y$。

（3）第三次取牌，三堆牌数分别是：左 $2(n-x)$，中 $2x+y$，右 $n-y$。

（4）表演者报出 $2x+y$。

7. "三顾茅庐"

♠ 游戏器具

一副扑克牌。

♥ 游戏玩法

表演者任取 27 张牌，披开，让观众认定一张，记住牌名。然后数出 3 张牌横排在桌上，再在每张牌上各加一张，共加 8 次，形成三叠牌，每叠 9 张。表演者拿起边上一叠牌，披开，问观众所认的牌在不在里面。三叠牌逐一问过后，表演者把三叠牌收拢，又照前法堆牌，共堆三次。表演者把观众最后认明的一叠牌放在身后，就能把观众认的那张牌抽出，交给观众。

你能表演吗？

♣ 游戏目的

初步尝试代数推理，培养学生从具体到抽象的验算能力，体验数学之神奇。

◆ 游戏解答

（1）第一次收牌时，把有观众所认之牌的那叠牌夹在两叠牌的中间（图 1）。

（2）第二次也这样做。

（3）第三次认明后，表演者不收牌，而把这叠牌放到身后，把 9 张牌中的第五张抽出，便一定是观众所认的那张牌（图 2）。

（4）每次堆牌时必须从牌背从左到右一张一张放到三个牌堆上，不可搞乱。

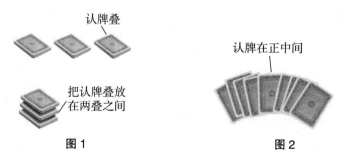

认牌叠

把认牌叠放
在两叠之间

图 1

认牌在正中间

图 2

♠ **游戏说明**

　　表演牌数不一定每堆 9 张，也可以是 5 张、11 张、13 张……总之，只要每堆牌数是奇数就可以表演。在三次堆牌后，那张所认之牌一定在那叠牌的正中位置。

　　感兴趣的读者可试着推演 27 张扑克牌"三顾茅庐"的正确性，继而推演 $3n$（n 是正整数）张扑克牌"三顾茅庐"的正确性。

8. 说出点数

♠ **游戏器具**

　　一副扑克牌，去掉大小王。

♥ **游戏玩法**

　　表演者背对观众，让观众洗牌后，把牌背向上。抽 4 张牌横排在桌上，牌面向上。再请观众按 4 张牌的牌点（J、Q、K 都按 10 算）各加上若干张牌，凑成 12 数（如 Q 加 2 张，2 加 10 张等）。观众把余下的牌交给表演者，表演者让观众在心中把桌上最早放下的 4 张牌的牌点加起来，但不告诉表演者。表演者能猜中 4 张牌牌点相加的总数。你知道其中的奥秘吗?

♣ **游戏目的**

　　学会代数推理，感受数学的力量。

◆ **游戏解答**

　　表演者拿到观众交给他的全部余牌后，就让观众计算 4 张牌相加的点数，手放背后迅速点牌，牌的张数就是观众 4 张牌牌点相加的总数。

　　设 4 张牌牌点分别为 x、y、z、m，分别加了 $12-x$、$12-y$、$12-z$、$12-m$ 张牌，加牌后桌面上的总牌数为 $(13-x)+(13-y)+(13-z)+(13-m)=52-(x+y+z+m)$，或可理解为 $4+(12-x)+(12-y)+(12-z)+(12-m)=52-(x+y+z+m)$，这时表演

者手中的牌数为 $52-[52-(x+y+z+m)]=x+y+z+m$。

这正是观众最早放下的 4 张牌的牌点之和。

9. 5 张来凑 10

♠ 游戏器具

一副扑克牌，去掉大小王和 10、J、Q、K。

♥ 游戏玩法

甲持黑色扑克牌，乙持红色扑克牌，甲牌面朝下随机出一张牌，乙牌面朝上"凑"四张能和甲出的牌加起来为 10 的牌。比如，甲出 3，则乙"凑"上 A+A+A+4，或 A+A+2+3，或 A+2+2+2。然后，乙出牌，甲来"凑"。甲乙轮流进行。

♣ 游戏目的

学会 10 的分解，体验开放题的答案"不唯一"，初识"分类"和"无解"。

◆ 游戏解答

甲出 A，乙"凑" A+A+A+6，或 A+A+2+5，或 A+A+3+4，或 A+2+2+4，或 A+2+3+3，或 2+2+2+3；

甲出 2，乙"凑" A+A+A+5，或 A+A+2+4，或 A+A+3+3，或 A+2+2+3；

甲出 3，乙"凑" A+A+A+4，或 A+A+2+3，或 A+2+2+2；

甲出 4，乙"凑" A+A+A+3，或 A+A+2+2；

甲出 5，乙"凑" A+A+A+2；

甲出 6，乙"凑" A+A+A+A；

甲出 7，无解；

甲出 8，无解；

甲出 9，无解。

10. 同色同名

一副扑克牌的所有 J、Q、K，共 12 张。

♥ 游戏玩法

表演者手拿 12 张 J、Q、K 扑克牌，牌背朝上，从上面取两张牌，翻开正面，它的颜色和字母各不相同，如此继续取牌，每次取两张，没有一张是相同的。然后将 12 张牌洗一番，照上述方法取牌，每次取两张摆在桌上，却都是成对的牌，而且颜色相同。为什么？

♣ 游戏目的

让学生充分认识周期，体验循环规律，培养认真读题的习惯和动手能力。

♦ 游戏解答

（1）将 4 张 K、Q、J 按图 1 的顺序排列，然后收拢成叠。

（2）将此牌叠最下方的黑桃 J 移至最上的方块 Q 上面（图 2），翻转使牌背朝上，此时黑桃 J 就在最下面（图 3）。

（3）从上到下拿牌，每次两张，都不能成对，而且颜色不同（图 4）。观众看清牌面后，转为牌背朝上，把这两张牌移放在牌叠下面（图 5）。如此连续拿牌和向下移牌六次。

（4）把手中牌的牌面朝自己，用顺序洗牌法洗牌。洗牌时，当看到牌面是"梅花"或"方块"时（不管是哪个字母）即停止洗牌，然后翻转牌，从牌背取牌，每次两张，分别摆在桌面，可见六对牌都能成对，而且颜色相同（图 6）。

（5）如果在刚开始就用顺序洗牌法洗牌，当看到牌面是"黑桃"或"红心"时，拿牌时也都不会成对。

图 1

图 2

黑桃 J 在下面

图 3

图 4

图 5

图 6

11. 知二求一

♠ 游戏器具

一副扑克牌，去掉大小王。

♥ 游戏玩法

全副牌去掉大小王，计52张。表演者将手中的牌逐张放桌上，分成六七叠，每叠的牌数不相同。放在桌上的牌，牌面都向上。

将每叠牌翻身，使牌面向下。表演者背对观众，观众自由挑选三叠牌留在桌上，然后把其余的牌交给表演者（包括多余不能成叠的牌）。表演者面对观众接牌，然后请观众再在三叠牌中选择两叠，将这两叠牌的顶牌翻转。表演者细看这两张牌的点数，就能猜中第三叠牌顶牌的点数。

♣ 游戏目的

培养学生的运算能力、推演能力和整体思维意识，感受数学之妙趣。

◆ 游戏解答

（1）把每叠牌的点数凑成象征性的13数。比如，放下的牌第一张是K，K当13点，不加牌。若第一张是Q，Q当12点，再加1张，凑成13数，实际是两张牌当13数。J当11点，加2张，三张牌当13数。以此类推，10加3张，9加4张，8加5张，7加6张，6加7张，5加8张，4加9张，3加10张，2加11张，A加12张。不管分成多少叠，把手中的牌放完为止。如最后留下的几张牌不能凑成一叠，另放一处待用。

（2）放牌时，牌面向上。每叠牌的第二张压在第一张上面，第三张压第二张，使每叠牌都凑成13数（图1）。之后，将每叠牌的牌背朝上，原来的最后一张牌就变成第一张（图2）。

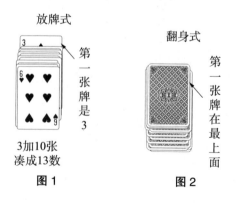

放牌式

第一张牌是3

3加10张凑成13数

图1

翻身式

第一张牌在最上面

图2

（3）不论观众选哪三叠，表演者都能说出正确的点数。

推演过程如下：

设三叠牌顶牌的三个数分别为 x、y、z，则三叠牌除顶牌外的牌数分别为 $13-x$、$13-y$、$13-z$，三叠牌的总牌数为 $[1+(13-x)]+[1+(13-y)]+[1+(13-z)]=42-(x+y+z)$。

表演者暗数一下手中剩余牌数 n，则 $n+[42-(x+y+z)]=52$，$x+y+z=n-10$。

当表演者知道 x、y、z 中任意两个数时，另一个就很容易算出。

注意：第一张不放 K 牌，以免引起怀疑。

12. 最后出现

♠ 游戏器具

从一副扑克牌（去掉大小王）中任取 7 张，最好是同花连号，如红心 A、2、3、4、5、6、7。

♥ 游戏玩法

观众洗牌，然后表演者再洗牌，牌背朝上。此时表演者偷看一眼最下面的一张，假定是红心 A。表演者请观众说出 1~6 之间的任意一个数。假设观众说 4。现在让观众从这叠牌的上面数出 3 张，一次一张放到整叠牌的下面，然后将最上面的牌翻转。表演者"预言"这张牌不是红心 A（事实证明它果然不是）。然后请观众把这张牌牌面朝上放到这叠牌的下面，重复之前操作六次，每次观众翻转的牌都不是红心 A。六次后只剩一张牌牌面朝下，表演者此时可以说："红心 A 不到最后一刻不会出现。"之后翻转这张牌，果然是红心 A。

♣ 游戏目的

让学生感受素数，培养具体操作能力和分析能力。

◆ 游戏解答

这个游戏的唯一要求是牌的张数是素数。本游戏中是 7 张，3、5 或 11 张同样有效（要是数目过大，会让游戏变得沉闷）。假设扑克牌数是 11，观众选取的数为 1~10。假定观众选 4，扑克牌的张数是 11，必须重复多少次 4 才能得到 11 的倍数？4，8，12，16，20，24，28，32，36，40，44，共 11 次。如果观众选 6 呢？6，12，18，24，30，36，42，48，54，60，66，也是 11 次。事实上，不论选几，都是 11 次。

只要扑克牌数是素数 P，到达这叠牌最下面一张所需要的循环数总是 P。换言之，最后翻转的牌总是最下面的那张。

13. 最后一牌

♠ 游戏器具

一副扑克牌。

♥ 游戏玩法

扑克牌牌背朝上，请观众任意抽取 10 张牌，然后牌面朝上，让观众暗认其中一张牌名并默记是第几张。表演者接过扑克牌拿到背后一会儿，又拿到身前隔张摆在桌面，直至手中留下最后一张牌，此时的牌正是观众所认的那张牌。

♣ 游戏目的

识别数字大小。

♦ 游戏解答

（1）表演者接过 10 张牌，拿到自己背后，把下面的 4 张牌移到牌叠上面（图 1）。

（2）把牌拿到身前，向认牌的观众问明所认的牌是第几张。假如是第三张，就当面从上取 2 张放在牌叠下面（图 2），将第三张拿给观众看，观众此时必然说不是。然后把这张牌也放到牌叠下面（图 3）（如果认的是第四张，表演者取 3 张牌放在牌叠下面，第四张经提问后也放在牌叠下面，以此类推）。

（3）表演者摆牌时，左手执牌，右手从牌背上逐张拿。把第一张摆在桌面，第二张放到左手牌叠下面，第三张再摆在桌面，第四张放到左手牌叠下面（图4）。如此一直将牌摆完，最后留在左手的一张，就是观众所认的牌。

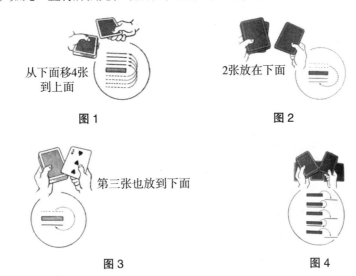

从下面移4张
到上面

图1

2张放在下面

图2

第三张也放到下面

图3

图4

注意：本游戏的关键在（1）上，即不论观众暗认的是第几张牌，表演者都在背后把下面的牌移到牌叠上面。

数学推演过程如下（圈码为牌的编号）。

摆牌前牌状态：摆牌前，表演者已经将观众暗认的牌调到第四张了。

①②③④⑤⑥⑦⑧⑨⑩

摆牌过程：

③④⑤⑥⑦⑧⑨⑩②

⑤⑥⑦⑧⑨⑩②④

⑦⑧⑨⑩②④⑥

⑨⑩②④⑥⑧

②④⑥⑧⑩

⑥⑧⑩④

⑩④⑧

⑧④

④

14.3 张牌排序（3）

♠ 游戏器具

一副扑克牌。

♥ 游戏玩法

把三张扑克牌牌面朝下摆成一排。已知：

（1）K 右边的两张牌中至少有一张是 A；

（2）A 左边的两张牌中也有一张是 A；

（3）方块左边的两张牌中至少有一张是红心；

（4）红心右边的两张牌中也有一张是红心。

请问，你能确定这三张扑克牌及其排序吗？

♣ 游戏目的

培养学生的方向感、推理能力和调整能力。

◆ 游戏解答

从（1）知第一张牌为 K，结合（4）知第一张为红心 K；从（2）知第三张牌为 A，结合（3）知第三张牌位方块 A；从（2）知中间一张为 A，结合（3）知中间一张为红心 A。

15. 第九张牌

♠ 游戏器具

一副扑克牌。

一副牌 54 张，牌背朝上，先数出 30 张，在数牌的时候记下第九张的牌面，然后把 30 张牌按牌背朝上放一边。假如剩下牌的第一张是 5，就从 5 开始数，一直数到 10 作为第一个牌列。以此类推，数出三个牌列（如果每个牌列的第一张遇到 J、Q、K，就放到手里剩余牌的最后，再继续数）。三个牌列摆好后，把剩下的牌放到先前数好的 30 张牌上。现在把三个牌列的第一张的牌点相加得出一个数，再根据该数数旁边牌堆里的牌，会发现对应那个加数的牌正好就是之前记的第九张牌。

请问：每次数三个牌列都是随机的，为什么第九张每次都能被猜出来呢？

♣ 游戏目的

培养学生的观察能力、记忆能力、运算能力、推理能力和灵活动手能力。

◆ 游戏解答

先数出 30 张牌，还剩 24 张，假设接下来数出的三列牌的第一张的牌点分别是 a、b、c，则三列牌分别有 $11-a$、$11-b$、$11-c$ 张牌，三列一共有 $33-(a+b+c)$ 张牌，剩下 $24-[33-(a+b+c)]=(a+b+c)-9$ 张牌。因此数 $a+b+c$ 张牌后必然是开始记住的第九张牌。

16. 电话传牌

♠ 游戏器具

一副扑克牌。

❤ 游戏玩法

甲乙两人互通电话，甲在电话中要求乙一定要按照自己所说的方法，如实进行。甲的具体要求为：

（1）请拿一副完整的牌，牌背朝上，把牌分成三叠，高度相似，在三叠牌中任意去掉两叠牌放在盒中不用。

（2）把剩下的一叠牌拿在手中，牌背仍朝上，仔细默数有几张牌。比如，手中是17张牌，就从牌背拿出一张，放在桌上当作10，再从手中拿7张牌，成为数17（实际上是8张牌）。

（3）请从手中留下的牌中任意抽一张，看清牌面，记在心中，然后把这张牌放在手中成叠的牌背顶部。

（4）把桌上的牌全部拿起，放在手中牌叠的牌背上。

（5）将牌翻转，牌面向上，请从上面第一张起逐张报牌名。

甲听乙报牌名，未等乙全部报完就说："请停止报牌名，你刚才抽去默记的牌，我已知道了。"随后甲能准确无误地说出乙记的那张牌。这是为什么？

♣ 游戏目的

培养学生的读题能力和推算能力。

◆ 游戏解答

不论乙有多少张牌，照上述方法把牌放置桌上后，乙手中剩下的牌都是9张。因为乙记的牌已放在第九张位置上。甲听乙报牌名时，只要记住第九张的牌名就可以了。

推理过程：一副牌的三分之一大约为18张，故可设牌序（从牌背第一张向下排列）为：1，2，…，$a+1$，$a+2$，…，$10+a$（a 为牌张数的个位数，$1<a<10$）。

由电话对话可知，乙所抽的牌在 $a+2$ 的位置上，因为乙是牌面朝上报牌名，也就是从上面数列的最后一项往前数，数到 $a+2$ 所在张数为：$(10+a)-(a+2)+1=9$。

17. 翻 4 次

♠ 游戏器具

任意9张扑克牌，如下图所示摆成一行。

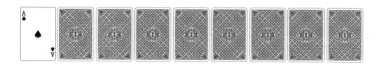

❤ 游戏玩法

现要求每次任意翻转7张，翻4次后，使所有的牌都牌面朝上。你能成功吗?

♣ 游戏目的

培养学生的观察能力、动手能力和分析能力。

◆ 游戏解答

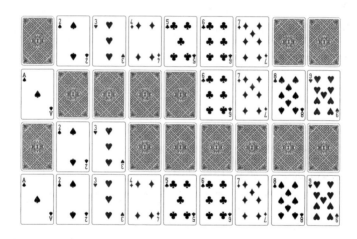

18. 一望而算

♠ 游戏器具

几副扑克牌，去掉大小王。

❤ 游戏玩法

甲随机取两张 A~9 的扑克牌（如 3、7，见下图），把它们相加，得出第三个数，再将第二个数同第三个数相加，得出第四个数，以此类推，一直算到第十个数为止。

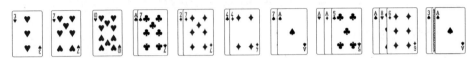

甲把这十个数用扑克牌排好后（扑克牌中没有 0，可用牌背表示），请乙来看一眼，乙能在 5 秒钟内把这十个数之和告诉甲。

甲在计算器上验证一下，发现乙算对了！

你知道乙是怎么算出来的吗？

♣ 游戏目的

培养学生的运算能力，尤其是心算能力；感受广义斐波那契数列的一个性质及其巧妙运用。

◆ 游戏解答

设甲取的两张牌点数分别是 a、b，那么这十个数分别是：a，b，$a+b$，$a+2b$，$2a+3b$，$3a+5b$，$5a+8b$，$8a+13b$，$13a+21b$，$21a+34b$。

把这十个数相加，和为 $55a+88b=11（5a+8b）$，这个数是第七个数的 11 倍。

乙看到甲排出的十个数后，就瞄一眼第七个数，把这个数后面添个 0，然后再加上这个数，就是答案！

以游戏中的十个数为例，乙瞄一眼第七个数是 71，在后面添个 0 为 710，再加上 71，等于 781。

♠ 游戏说明

先取的两个数不一定是 1~9 中的数，可以取得大一些。例如，由 11、15 生成的十个数分别为：11，15，26，41，67，108，175，283，458，741。其和为 1750+175=1925。数越大，对乙而言都不是问题，但甲要验算就相对费些时间，对乙"一望而算"就会更为惊叹！

19. 5 张牌反序

♠ 游戏器具

黑桃 A、2、3、4、5。

♥ 游戏玩法

将 5 张牌按顺序排放：A、2、3、4、5，如何在三次内使它倒过来排放，变成 5、4、3、2、A？

要求：5 张牌中每次不管移多少张，移的牌都必须是挨着的，而且必须将移的牌不打乱顺序全部放左边或者右边。

♣ 游戏目的

培养学生的观察能力和分析能力。

◆ 游戏解答

A、2、3、4、5 → A、4、5、2、3 → 5、2、A、4、3 → 5、4、3、2、A。

20. 澳式洗牌

♠ 游戏器具

一副扑克牌。

♥ 游戏玩法

手里拿一副牌，牌面朝下。把顶牌放到桌子上，然后把接下来的一张牌从顶部移到手里这副牌的底部，再把这副牌的新顶牌放到桌子上那张牌的上面。重复操作，直至桌子上形成一副新的牌。这种洗牌方法称为"澳大利亚式洗牌"，简称"澳式洗牌"。

问题1：A~8的8张牌，你能否通过一次澳式洗牌，得到A、2、3、4、5、6、7、8的排序？

问题2：A~8的8张牌，你能否通过两次澳式洗牌，得到A、2、3、4、5、6、7、8的排序？

♣ 游戏目的

学会列表分析或顺序推理。

♦ 游戏解答

问题1：我们将扑克牌按A、2、3、4、5、6、7、8的顺序，牌面朝下、从上到下通过一次澳式洗牌，得到下表：

原始	A	2	3	4	5	6	7	8
洗牌后	8	4	6	2	7	5	3	A

反过来看，如果想再一次洗牌后让新的次序变成A、2、3、4、5、6、7、8，原来的牌应该怎么排序呢？如果想让A排到首位，那么需要在洗牌前把它放在第八张的位置；如果接下来需要一张2，必须要把它放在第四张的位置；如果再需要一张3，应该把它放在第六张的位置。以此类推，可以得到初始的排序：8、4、7、2、6、3、5、A。

问题2：我们将扑克牌按A、2、3、4、5、6、7、8的顺序，牌面朝下、从上到下通过两次澳式洗牌，得到A、2、5、4、3、7、6、8。把它作为初始顺序，即可实现通过两次澳式洗牌，得到A、2、3、4、5、6、7、8的排序。

原始	A	2	3	4	5	6	7	8
1洗	8	4	6	2	7	5	3	A
2洗	A	2	5	4	3	7	6	8
3洗	8	4	7	2	6	3	5	A
4洗	A	2	3	4	5	6	7	8

由此可发现：按 A、2、3、4、5、6、7、8 的顺序洗 4 次，所有牌都回到原位！由此我们可以创设许多令人惊叹的玩法。例如，下图的 A、2、3、4、5、6、7、8 的"桃心梅方"周期，澳式洗牌 4 次后，把牌放背后，就能把每张牌准确地报出来。为了更具"欺骗性"，可以事先"自定" 8 张扑克牌，如"A、2、3、5、8、K、小王、大王"，或圆周率"3、1、4、1、5、9、2、6"，只要这 8 张扑克牌便于自己记忆而对方又看不出破绽就好。

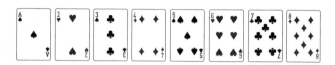

21. 单数入盒

♠ 游戏器具

任意 9 张扑克牌。

♥ 游戏玩法

一个财主临终前对两个儿子说："我这里有 9 张牌，你们谁能把它们全部装在 4 个盒子里，并且每个盒子里的牌都是不同的单数，我就把所有的财产都让他继承。"

聪明的小儿子很快就想出了办法。你知道他是怎么做的吗？

♣ 游戏目的

培养奇偶分析能力，防止思维定式。

◆ 游戏解答

在第一个盒子中放 1 张牌，第二个盒子中放 3 张牌，第三个盒子中放 5 张牌，然后将这三个盒子一起放入第四个大盒子里。

22. 第 33 张牌

🖤 游戏器具

一副扑克牌。

🖤 游戏玩法

表演者先数出 21 张，牌背朝上，整叠置于桌上，这堆牌称为主堆 1。然后将剩余的 33 张牌随机摆放成右图所示的五堆（顶牌不含大小王和点数为 J、Q、K 的牌），每堆牌面朝上，从顶牌点数往下数，数到 10，如有多余的牌，就牌背朝上放在前面的 21 张牌那堆上，这堆牌称为主堆 2。

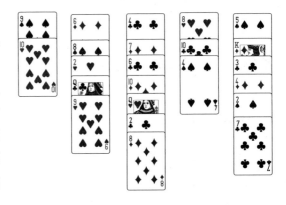

表演者请观众从五堆牌中拿走两堆，牌背朝上放在主堆 2 上，这堆牌称为主堆 3。

表演者请观众将桌面上牌面朝上的三堆的顶牌点数相加，和为 M，表演者就能说出主堆 3 中第 M 张牌的牌面。

你知道其中的奥秘吗?

♣ 游戏目的

培养学生的代数推理能力，激发学习兴趣。

◆ 游戏解答

设三堆牌的顶牌点数分别为为 x、y、z，则这三堆牌的张数为（$11-x$）+

$(11-y)+(11-z)=33-(x+y+z)$，从 33 张牌中放回主堆 1 的牌的张数为 $33-[33-(x+y+z)]=x+y+z$。这意味着：表演者只要记住主堆 1 放好后剩余的 33 张牌的最后一张（即第 M 张牌）即可。

♠ 游戏说明

为了让观众不易识破"三堆明牌顶牌点数与三堆明牌的张数之和为同一常数"这一性质，表演者可以多做一些变化。

23. 对对碰

♠ 游戏器具

一副扑克牌，去掉大小王。

♥ 游戏玩法

让观众将 52 张扑克牌打乱混洗后，随机配对：AA，22，…，KK。黑桃和梅花是黑色牌，红心和方块是红色牌，观众只要报出红色对牌数，表演者就能很快报出不同颜色的对牌数。

你知道其中的奥秘吗？

♣ 游戏目的

让学生学会用数学方法解决问题。

♦ 游戏解答

一副扑克牌，去掉大小王，共有 52 张，26 对。若黑色对牌有 x 张，那么红色对牌也有 x 张，不同颜色的对牌就有 $26-2x$ 张。

我们也可以这样思考，假设先配不同颜色的对牌有 $2n$ 张，则剩余的牌有 $52-2n$ 张，其中黑色、红色各 $26-n$ 张，因为"要同色"，所以黑色对牌与红色对牌相等。

24. 口袋里的牌

♠ 游戏器具

一副扑克牌，去掉大小王。

♥ 游戏玩法

观众把一副牌中的红色牌放偶数张到表演者的左口袋，再把剩下来的牌轮流发成两叠（两叠牌的数量相同）。观众拿一叠牌，并把另一叠牌递给背对观众的表演者。

观众把自己这叠牌中的红牌全部抽取出来（不需要数出牌数），把它们放到表演者的右口袋里。表演者面对观众，就能说出他的左右口袋里分别有多少张牌。

你知道其中的原理吗？

♣ 游戏目的

培养学生的运算能力。

♦ 游戏解答

当观众在抽取自己这叠牌的红牌时，表演者已经数了自己拿的一叠牌的张数 x 和红色牌的张数 y。表演者左边口袋里的红牌数量就是 $52-2x$ 张；右边口袋里的数量为 $26-(52-2x)-y=2x-y-26$。

假设观众先抽取的红牌有 10 张，每组有 21 张牌（52-10=42，42÷2=21）。数出 21 张牌后，表演者计算出 52-2×21=10（张）。假设在表演者手里的 21 张牌中有 5 张红牌，那么在观众那里的红牌的数量是 26-10-5=11（张）。

25. 轮流放牌

♠ 游戏器具

一副扑克牌。

♥ 游戏玩法

甲乙两人轮流在一张圆桌上放牌，规定每次只放一张，并且桌子上的牌不能重叠，谁先没地方放，谁就输了。

请问：你能给先放的人甲想出一个必赢的策略吗？

♣ 游戏目的

感受中心对称的妙用，培养学生的对策意识。

♦ 游戏解答

甲把第一张牌放在圆桌的正中央，以后每次轮到甲放牌时，都放在乙上次放牌位置的中心对称处。这样就保证了甲总是有地方放牌，直到乙没地方放为止。

♠ 游戏说明

所用桌子不一定是圆桌，方桌也行，或者在一张报纸上。也可以不是中心对称，甲放完第一张牌后，自己心中"有杆秤（称）"（如轴对称等），也能必赢。中心对称比较好理解，也比较好精准放牌。

26. 巧推花色

♠ 游戏器具

任意三黑三红共 6 张扑克牌。

♥ 游戏玩法

桌上放着三叠牌背朝上的牌，每叠两张。甲猜：第一叠全红，第二叠全黑，第三叠一黑一红。很可惜，虽然这三叠牌确实有一叠全红，有一叠全黑，还有一叠是一黑一红，但甲一叠都没猜中。

现在允许乙从其中一叠里抽看一张牌，乙能据此推测出每一叠的花色吗？

♣ 游戏目的

初识逻辑推理。

♦ 游戏解答

从第三叠牌里抽看一张牌，就可以知道三叠牌的花色了。

因为甲一叠都没猜中，所以第三叠不是一黑一红。

如果抽到了红牌，就说明第三叠全是红牌，第一叠全是黑牌，第二叠是一黑一红；如果抽到了黑牌，就说明第三叠全是黑牌，第二叠全是红牌，第一叠是一黑一红。

27. 数 13 抽牌

♠ 游戏器具

一副扑克牌。

♥ 游戏玩法

如右图所示，桌上有 13 张牌围成一圈，其中只有黑桃 A 正面朝上。现在从其中一张牌开始沿顺时针方向数到 13，把这张牌抽掉。然后继续数到 13，又抽掉一张，以此类推。

如果想让黑桃 A 最后被抽掉，应该从哪张牌开始？

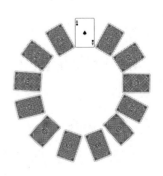

♣ **游戏目的**

培养学生的周期意识和思维能力，尤其是倒推思维能力。

◆ **游戏解答**

从黑桃 A（含 A 这一张）开始顺时针方向的第七张牌开始数起。

方法：在纸上画 13 个点并且围成一个圆形。然后从某一点开始顺时针数起，每数到 13 就把那个点划掉，然后继续数。直至只剩下一个点。把剩下这个点的位置确定为黑桃 A 的位置，而第一个点的那个位置就是开始要数的位置了。

28. 数到 20

♠ **游戏器具**

一副扑克牌。

♥ **游戏玩法**

表演者拿出任意 9 张牌，牌背朝向自己，请观众从右到左（对表演者而言）数到第 x 张牌，并记住牌面。表演者把 9 张牌放在桌上的一小叠牌（牌背朝上）上，并把这叠牌拿起来从底牌数起，一张一张往桌子上放，放第一张时观众默念 $x+1$，放第二张时默念 $x+2$……当数到 20 时，表演者停顿一下，然后翻看那张牌，就是观众记住的那张牌。

你知道其中的原理吗？

♣ **游戏目的**

感受基本代数推理，培养学生逆推思维能力。

◆ **游戏解答**

游戏的关键是桌上那一小叠牌，预先放好 10 张（观众不知晓），9 张牌放上去后，从上到下的排序是：1，2，…，$x-1$，x，…，19。从下数起，数到 x 的位置是：$x+10+[9-(x-1)]=20$。

29. 双重周期

♠ 游戏器具

一副扑克牌，去掉大小王。

♥ 游戏玩法

表演者将 52 张牌交给观众，请观众按顺序洗牌法洗牌，然后将牌按 13×4 摆成 4 行 13 列，牌背朝上铺在桌上。观众随机翻一张牌给表演者看，观众再指定一张牌，表演者能报出这张牌是什么牌吗？

♣ 游戏目的

初识等差数列，感受周期之妙，培养学生的记忆能力和分析能力。

◆ 游戏解答

规定：T= 黑桃，X= 红心，M= 梅花，F= 方块；A=1，J=11，Q=12，K=13。
这 52 张牌是这样做"手脚"的：

TA，X4，M7，F10，TK，X3，M6，F9，TQ，X2，M5，F8，TJ，

XA，M4，F7，T10，XK，M3，F6，T9，XQ，M2，F5，T8，XJ，

MA，F4，T7，X10，MK，F3，T6，X9，MQ，F2，T5，X8，MJ，

FA，T4，X7，M10，FK，T3，X6，M9，FQ，T2，X5，M8，FQ。

观众给表演者看一张牌时，表演者可以按"桃心梅方"获知这一列牌的花色和点数；寻观众指定的牌时，在往"行"的方向按"公差为3"，结合"桃心梅方"即可准确报出牌来。

♠ 游戏说明

"桃心梅方"之序可以自己设定，"公差"也可以自己设定。只要"心中有

数"和"明晰花色"即可。

30. 移牌求和

♠ 游戏器具

随机取出 9 张扑克牌，不含 10、J、Q、K、大小王。

♥ 游戏玩法

请观众先将 9 张扑克牌摆成图 1 的样子。

请观众计算一下这三个三位数（一行为一个三位数）的和（是 1676），表演者随后跟进 4 张牌，牌背朝上，摆成图 2 的样子，并说："我这 4 张牌应该不是 1676。"

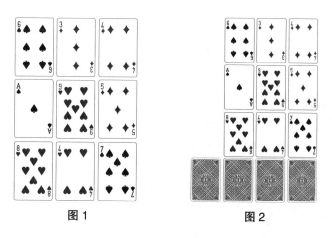

图 1　　　　　　　　　　图 2

表演者再让观众把第一行的 3 张牌收起，打乱，摆在第一列（最左）；把第二行的 3 张牌收起，打乱，摆在第二列（中间）；把第三行的 3 张牌收起，打乱，摆在第三列（最右）。表演都随后把原先牌背朝上的 4 张牌平移过去（比如观众摆放的是图 3），并说："一个奇迹发生了，你把这三个三位数求和一下看看。"

观众求和后，表演者请观众翻开牌背朝上的 4 张牌（图 4），一定是观众求和的那个数。奇迹是怎么发生的呢？

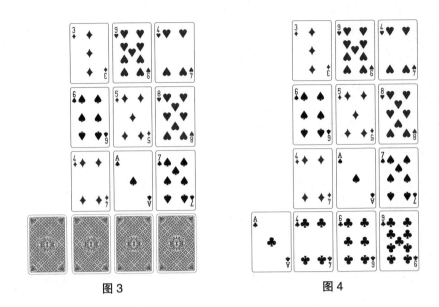

图 3　　　　　　　　　　　图 4

♣ 游戏目的

感受数学中的"变与不变"，培养学生的心算能力。

◆ 游戏解答

当表演者看到观众放牌时，可心算一下第三行三个数的和，和是 19，确定个位数是 9；然后再心算一下第二行三个数的和，和是 15。结合前面算的 19，确定十位数是 6。最后心算一下第一行三个数字的和，和是 13，结合前面的 16（15+1=16），确定百位数是 4，千位数是 1。

这个过程要快，趁观众求和时，表演者也"另类求和"，迅速将 A、4、6、9 四张扑克牌牌背朝上放上去。

31. "约定"的力量

♠ 游戏器具

一副扑克牌，去掉大小王，备一枚小棋子。

♥ 游戏玩法

观众将一副扑克牌充分洗牌后，任意抽取两张交给助手，指定盖住一张牌 X，助手在这张牌上放一枚小棋子。

假设你是助手，你能和表演者事先"约定"一种信息码——剩余那张牌能给出的信息码，让表演者通过这张余牌给出的信息，猜中 X 吗？试试看！

♣ 游戏目的

培养学生数学游戏的设计意识和实际操作水平，学会提供编码信息，培养学生的观察能力、记忆能力和运算能力。

◆ 游戏解答

我们需要 52 个信息码，或在确定"花色"后需要 13 个信息码，怎么办？

可以先"约定"花色：如下图，放牌方位（A，2）→黑桃，（3，4）→红心，（5，6）→梅花，（7，8）→方块。

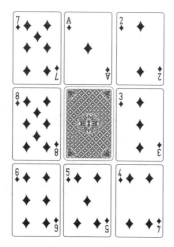

再"约定"点数：以"（A，2）→黑桃"区域为例，可以按下图依序对应 A~K。

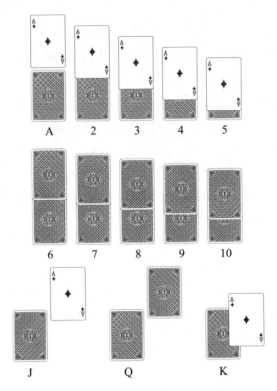

有了花色和点数，表演者就能猜中 X。

♠ 游戏说明

对于幼儿园小朋友和低年级小学生，我们可以和他们玩"简单的"。如我们只从一种花色中取出 A~K 的牌，观众任取两张牌，盖住一张后，另一张交给助手，助手给明牌，如下图第一个图明牌位置对应 1~8 "号牌"，其余图明牌位置对应 9~12 "号牌"。所谓"号牌"，是指扣除一张明牌后的剩余牌从小到大的排序。

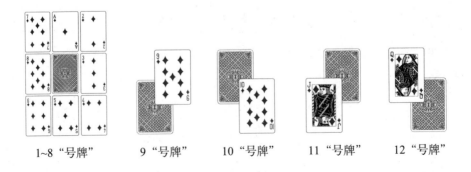

1~8 "号牌"　　　9 "号牌"　　　10 "号牌"　　　11 "号牌"　　　12 "号牌"

如果担心小学生不能理解"扣除明牌"，可以在前面"约定"的基础上再多一个"约定"：把那张明牌"全面"放在 X 上，对应 K（如右图）。这样，前面所说的"号牌"，就成了对应的"牌"了，就不用"扣除"了。

13 "号牌"

我们还可以设计不同的"约定"，创造出更多好玩的数学扑克游戏。

32. 4 张牌价位

♠ 游戏器具

一副扑克牌的 A~9，大王表示 0，一枚硬币。

♥ 游戏玩法

手持一张大王，再随机摸出 3 张牌，硬币作为小数点，小数点前后各放两张扑克牌，从小到大摆出所有价位。约定：0 不能放在第一位。比如大王（即 0）、2、3、7，所有价位是：20.37、20.73、23.07、23.70、27.03、27.30、30.27、30.72、32.07、32.70、37.02、37.20、70.23、70.32、72.03、72.30、73.02、73.20。

♣ 游戏目的

初识排列，感悟小数点，体验不重复、不遗漏，学会"序化"。

◆ 游戏解答

略。

♠ 游戏说明

如果觉得答案太多，教师可以让学生只摆出从小到大排序中的第 × 位。比如本游戏的第八位是 30.27（2 开头的共有 6 个，第八位相当于 3 开头的第二位）。

33. 16张蒙日洗牌

♠ 游戏器具

一副扑克牌中四种花色的10、J、Q、K，共16张。

♥ 游戏玩法

16张牌牌背朝上，从上到下按黑桃10、J、Q、K，红心10、J、Q、K，梅花10、J、Q、K，方块10、J、Q、K顺序排好，按蒙日洗牌法洗牌，直到观众说"可以不洗了"才停止洗牌。表演者将16张牌置于身后，说"我能找到红心J"。为增加表演效果，表演者可背诵唐诗，在背诵中翻出红心J。

这是为什么?

♣ 游戏目的

体验数学实验和周期现象，感受"不动点"，培养学生的推演能力。

◆ 游戏解答

16张牌，按蒙日洗牌法，洗5次就可以恢复原来的顺序。但这里关注的是每次洗完牌的变化:

原始	1	2	3	4	5	6	7	8	9	10	11	12	13	14	15	16
1洗	16	14	12	10	8	6	4	2	1	3	5	7	9	11	13	15
2洗	15	11	7	3	2	6	10	14	16	12	8	4	1	5	9	13
3洗	13	5	4	12	14	6	3	11	15	7	2	10	16	8	1	9
4洗	9	8	10	7	11	6	12	5	13	4	14	3	15	2	16	1
5洗	1	2	3	4	5	6	7	8	9	10	11	12	13	14	15	16

在这 5 次洗牌中，我们发现：第六张是个"不动点"，其余位置次次不同。

既然第六张是个"不动点"，不论洗几次，只要按黑桃 10、黑桃 J、黑桃 Q、黑桃 K、红心 10、红心 J……排序，第六张永远是红心 J。

探索还可以继续，比如，10 张牌做蒙日洗牌，会发现第四张是个"不动点"，这样，我们就可以变换花样玩。

34. 凑整除

♠ 游戏器具

一副扑克牌，去掉大小王，J、Q、K 都算作 0。

♥ 游戏玩法

甲乙各摸 6 张牌，老师说一个数 X，甲乙用 2 张牌拼成一个两位数而且是 X 的倍数。用过的牌还可以再用，看谁拼得多。

比如，甲摸到 A、3、5、6、7、J，乙摸到 2、4、5、8、9、K，老师说 3。若甲出 15、30、36、51、57、60、63、75，乙出 24、42、45、48、54、84、90，则甲胜。

♣ 游戏目的

加深对整除的理解和运用。

◆ 游戏解答

略。

♠ 游戏说明

也可以增加难度，如给出条件是"既能被 2 整除又能被 3 整除"，还可以考虑拼成三位数的问题。

35. 得与失

♠ **游戏器具**

如右图所示的 6 张扑克牌。

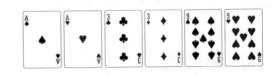

♥ **游戏玩法**

将 6 张扑克牌牌面朝下洗牌，观众从中随意抽取 3 张，规定：红色牌为负数，黑色牌为正数。将 3 张牌的点数之和告诉表演者，表演者就能说出这三张扑克牌是什么（或一张的品牌型和另外两张的"样态"）。

你能成为表演者吗？

♣ **游戏目的**

让学生体验"可能性"和"唯一性"，初步学习倒推，培养运算能力。

◆ **游戏解答**

原理：任何数字都可以表示为带符号的 3 的幂的和，而且这种表达在最简化表达中是唯一的。−13~13 的所有数字，都可以采用 ±1、±3、±9 来表达。例如，10=9+1，7=9−3+1，−5=−9+3+1，13=9+3+1。也可以表达成 10=9+1+3−3。

本游戏就是利用此原理设计的。

若 3 张牌的和是 5，表演者推出 5=9−3−1，结合"桃心梅方"周期，得出观众抽取的 3 张牌是黑桃 9、方块 3、红心 A；若 3 张牌的和是 −3，表演者推出 −3=−3+1−1=−3+9−9，结合"桃心梅方"周期，表演者可说：有一张是方块 3，还有一对（或者说：还有一对 A 或一对 9）。

36. 黑红配对

♠ 游戏器具

一副扑克牌。

♥ 游戏玩法

表演者把牌平分成两堆，甲堆牌按"黑、红、黑、红"排列，乙堆按"红、黑、红、黑"排列，然后交叉洗牌一次，再将洗好的牌牌背朝上，左右交替放牌，将牌平分成两堆，观众取一堆，表演者取另一堆并置于身后。观众翻开第 x 张。为增加表演效果，表演者背诵一首唐诗，然后从身后翻出一张与观众的牌颜色不同的"配对"牌；每次都能成功！你能做到吗?

♣ 游戏目的

引发兴趣，培养学生的验证能力和抽象推理能力。

◆ 游戏解答

原理：若黑红交替的 n 张牌与红黑交替的 n 张牌，经过一次交叉洗牌法洗牌，和多次抽偶数张的顺序洗牌，会有 n 对颜色不同的"配对"牌——从上到下两张不同颜色"配对"。

根据这个原理，表演者在背诵唐诗时，数到 x，翻出的牌就会是与观众颜色不同的"配对"牌。

37. 两问知牌

♠ 游戏器具

任意 16 张扑克牌。

♥ **游戏玩法**

表演者将 16 张牌牌面朝上,摆成 4×4 方阵(图 1),然后让每一位观众都暗记一张牌,并暗记住该牌在上述方阵中所处的行数。例如,某观众暗记的牌为黑桃 7,那么该牌在方阵中所处的行数应为 3。

当观众都说记好了之后,表演者开始按列收牌,牌面朝上放在手中。将收起的 16 张牌牌面朝下按顺序洗牌法洗几次,然后牌背朝上自上而下按行发牌,并将牌翻转为牌面朝上摆好。这样发牌后,16 张牌组成 4×4 的新方阵,形如图 2。

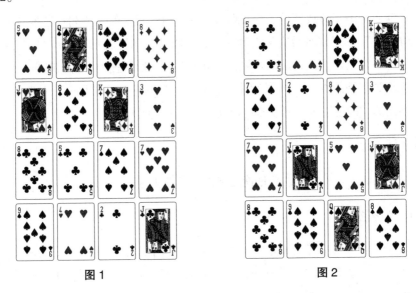

图 1   图 2

表演者开始问:"你暗记的那张牌在原方阵和新方阵中都位于哪一行?"假如观众说:"在原方阵位于第三行,在新方阵位于第二行。"表演者听后立即说:"你暗记的牌是黑桃 7。"观众点头称对。

你知道其中的奥秘吗?

♣ **游戏目的**

感受周期之妙,培养学生的观察能力和记忆能力。

◆ 游戏解答

表演者只需记住第一行第一列的那张牌，我们称之为"指示牌"。这里是红心 5。根据周期原理，红心 5 在新方阵中的"列"就是原方阵中的"行"，根据周期，原方阵第三行就是新方阵的第一列，结合新方阵的第二行，就能顺利推出黑桃 7。

38. 巧变 2.4

♠ 游戏器具

一副扑克牌，去掉大小王。

♥ 游戏玩法

牌背朝上，每次发 6 张牌，听口令把牌翻过来。6 张牌用加减乘除和括号组合进行计算，计算结果必须等于 2.4。先算出 2.4 的为胜方，6 张牌作为奖励给获胜一方。一副牌全部玩完后，留牌最多者为最终获胜者。（A 为 1，J 为 11，Q 为 12，K 为 13。）

玩法 1（两人游戏）：每人先发 3 张牌，一人下口令："翻牌。"两人一起翻牌。两人同时开始利用加减乘除四则运算及括号组合，计算出 2.4。

举例：甲拿到的牌是 2、2、5，乙拿到的牌是 K、5、A。甲报出答案：$2+2 \div 5=2.4$，乙报出答案：$(13-1) \div 5=2.4$。但因为甲的速度快，所以 6 张牌都归甲。

这里不仅要求算得对，还要求算得快。

玩法 2（多人游戏）：先发 6 张牌，一人下口令："翻牌。"大家一起翻 6 张牌。所有人同时开始利用加减乘除和括号组合，先算出 2.4 的获胜。

举例：第一次翻开的牌是 8、6、K、9、A、K。乙立刻报出答案：$[(13+13)-(8-6)] \div (9+1)=2.4$。6 张牌归乙。

第二次翻开的牌是 2、3、2、5、4、10。丙很快报出答案：$(3+2) \times (2 \div 5)+4 \div 10=2.4$。丙获胜，6 张牌归丙。

♣ 游戏目的

培养学生的运算能力、观察能力和创新能力，增强竞争意识。

✦ 游戏解答

该游戏在玩的过程中需要关注数的特点，借助 $24 \div 10$、$12 \div 5$、$2+0.4$、0.6×4 等关系式去解决。

♠ 游戏说明

"24 点"是一个经典的纸牌游戏，玩法简单，娱乐性强，不限人数，老少皆宜。"24 点"游戏有多种玩法，也可变形成"2.4"的游戏。

"巧变 2.4"是一种益智游戏，它能在游戏中锻炼学生的心算能力，往往要求学生将四个、五个或六个数字进行加减乘除四则运算（允许使用括号）求得 2.4。"巧变 2.4"将小学中、高年级枯燥的计算转化成数学游戏，在组数中强化学生的速算及逻辑能力，达到事半功倍的效果。

39. 取牌游戏

♠ 游戏器具

任意 10 张扑克牌。

♥ 游戏玩法

面对 10 张扑克牌，甲乙轮流取牌，每次从中取 1 张、2 张或者 4 张，谁取得最后一张扑克牌即为赢。在这场游戏中，怎样才能保证一定赢？

♣ 游戏目的

学会分类、划归，培养学生的对策思维能力。

✦ 游戏解答

先取者赢。分析如下：

（1）总数是 1 张，则先取者赢（取 1 张）。

（2）总数是 2 张，先取者赢（取 2 张）。

（3）总数是 3 张，先取者输（只能取 1 张或 2 张，无论取哪张，都输）。

（4）总数是 4 张，先取者赢（取 4 张）。

（5）总数是 5 张，先取者赢（取 2 张，使对方面临 3 张，对方必输）。

（6）总数是 6 张，先取者输（若取 1 张，则对方面临 5 张，对方必赢；若取 2 张，则对方面临 4 张，对方必赢；若取 4 张，则对方面临 2 张，对方必赢）。

（7）总数是 7 张，先取者赢（先取 1 张，使对方面临 6 张，对方必输）。

（8）总数是 8 张，先取者赢（先取 2 张，使对方面临 6 张，对方必输）。

（9）总数是 9 张，先取者输（若取 1 张，则对方面临 8 张，对方必赢；若取 2 张，则对方面临 7 张，对方必赢；若取 4 张，则对方面临 5 张，对方必赢）。

（10）总数为 10 张，先取者赢（先取 1 张，使对方面临 9 张，对方必输）。

40. 一黑一红

♠ 游戏器具

一副扑克牌。

♥ 游戏玩法

拿出一副扑克牌，使它黑红相间。把这副牌分成两叠，然后将两叠牌洗到一起。从洗过一次的这叠牌上面一对一对地拿牌，结果发现：不管原先是怎样洗牌的，拿的每一对牌都是一黑一红。为什么会这样？

♣ 游戏目的

感受数学论证的逻辑性，体验数学的奇妙运用。

◆ 游戏解答

首先，这副黑红相间的牌分成两叠后须保障两张底牌一黑一红。然后，在洗这两叠牌时，第一张牌离开拇指落下贴在桌面后，此时左右手中两叠牌的底牌就是同色的，这两张牌都与已落下的那张牌颜色不同。往后无论这两张底牌谁先落下，都与桌上那张构成颜色不同的一对。

落下两张后，手中的牌又与还未落下任何一张牌时的情况一样——剩下两叠牌的底牌颜色不同，故接着落下的第二对牌也必然是颜色不同的。以此类推，可知余下的牌将反复出现上述现象。

这个不寻常的纸牌把戏说明一种潜在的数学结构会进入随机集群之中，并产生一种看上去似乎神秘的结果。

41. π 的畅想

♠ 游戏器具

如下图所示的 8 张扑克牌，摆成一个圆环。

♥ 游戏玩法

玩法 1：请观众在圆环上任取 3 张相邻的牌，求点数之和，并告诉表演者（若和是 10，表演者再问一句：“几张红的？”），表演者即可说出这 3 张是什么牌。

玩法 2：请观众在圆环上任取 3 张相邻的牌，求点数之积，告诉表演者，表演者即可说出这 3 张是什么牌。

怎么这么灵？

♣ 游戏目的

感受圆周率 π 的“另类神奇”，初步记忆圆周率小数点后七位数，培养学生的运算能力、想象能力、记忆能力和估算倒推能力。

（1）圆环是按圆周率 3.1415926 顺时针且"桃心梅
方"周期排列（如右图），其 3 张相邻牌点数之和为 8，
6，10，15，16，17，11，10，除 10 以外，其余的和
是"唯一"的，表演者可倒推出 3 张牌的牌面。

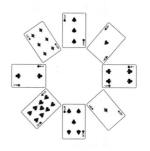

观众报出 10，表演者再问一句："几张红的？"若
观众答"1 张红"，表演者即可知是梅花 4、方块 A 和
黑桃 5；若观众答"2 张红"，表演者即可知是方块 6、黑桃 3 和红心 A。

（2）圆环上 3 张相邻牌的点数之积为 12，4，20，45，90，108，36，18，
都是"唯一"的，表演者可倒推出 3 张牌的牌面。

♠ 游戏说明

为了增强随机性、趣味性和神秘感，表演者可以先将这 8 张牌置于整副牌
的顶部或底部。

若置于顶部，牌背朝上，从上往下按 3A4A5926 排列，用交叉洗牌法洗牌
（保持顶部 8 张没变化），洗牌后从上到下取牌摆成圆环。

若置于底部，牌背朝上，从下往上按 3A4A5926 排列，用抽洗法洗牌（保
持底部 8 张没变化），洗牌后从下到上取牌摆成圆环。

42. 捉老鼠

♦ 游戏器具

任意两种花色的 A~K，共 26 张扑克牌。

♥ 游戏玩法

将一种花色的 A~K 乱洗之后，牌面向上摆成一个圆圈。游戏者从任意一张
开始顺着一个方向转圈同时点数，如果数到 13，点到的牌上的数字恰好也是 K，
此情况便可以说"捉住老鼠了"，这时游戏者就把这张牌取走，然后开始往后

重新点数。

这里玩两人游戏：每人给同花色扑克牌 A~K 各 13 张，牌背朝上各自洗牌，之后牌面朝上，把 13 张牌摆成一圈，各自"捉老鼠"，看谁捉得多。

♣ 游戏目的

培养学生的读题能力、操作能力和判断能力。

◆ 游戏解答

假设只玩 4 张牌，摆开后的相对次序是 3214，游戏者从第一张牌点起，那么他将先取走"2"，接着第二次取走"1"，但是再往下数时，他再也捉不住任何"老鼠"了。假定开始时牌的相对次序是 1423，那么只要他先从"1"点起，就会相继取走 1、2、3、4 号牌。

问题的提法可以是：给定牌的数目之后，能捉住哪些"老鼠"和捉住几只"老鼠"，以及什么样的排列能按一定的次序捉住一定数目的"老鼠"。

有人证明：4 张牌，有 9 种排列能使人一只"老鼠"也捉不住，有 6 种排列能使人只能捉住一只"老鼠"，有 3 种排列能使人只能捉住两只"老鼠"，有 6 种排列可以把 4 只"老鼠"都捉住。

这个游戏还能引发出更为深刻的数学问题。

43. 老 K 的毯子

♠ 游戏器具

一副扑克牌。

♥ 游戏玩法

表演者拿出一副扑克牌，牌背朝上洗牌，然后将牌从左到右发到桌上，形成 4×4 方阵（共 16 张牌），如图 1 所示。

请坐在对面的观众将其中一些牌翻开，如图 2 所示，像一个"老 K 的毯子"。

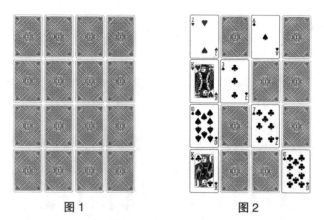

图 1　　　　　　　　　　　　　图 2

观众将"老 K 的毯子"持续折叠：上下折叠（图 3）→上下折叠（图 4）→左右折叠（图 5）→左右折叠（图 6）。

当观众把最后这叠牌翻过来并展开，惊奇地发现"4K 同堂"（图 7）。

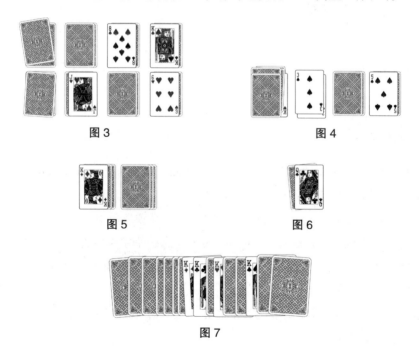

图 3　　　　　　　　　　　　　　图 4

图 5　　　　　　　　　　图 6

图 7

♣ 游戏目的

培养学生的对称意识和动手能力，感受"小智慧"带来的乐趣。

表演者事先将4张K藏在16张牌的第3、第4、第9、第12号位置（如图8），将这16张牌放在顶部，洗牌时注意不要洗到上面的16张，按步骤操作，就能成功。

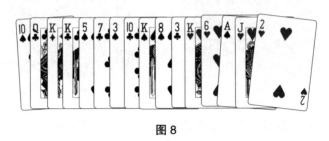

图8

44. 英文"对数"

♠ 游戏器具

一副扑克牌。

♥ 游戏玩法

1~10的英文拼写为one、two、three、four、five、six、seven、eight、nine、ten，其所用字母数分别是3、3、5、4、4、3、5、5、4、3。

表演者拿出一副扑克牌，洗牌后牌背朝上，从顶端数10张牌，左手拿牌右手抽牌，从上到下，口念："o—n—e，one"，念一个字母就把一张牌抽出放在这叠牌的底部，念到"one"时，就把第四张牌翻开放到桌上，一看是A；继续念"t—w—o，two"，同上操作，念到"two"时，翻开牌，一看是2，一直念到10的英文。每一个翻开的牌的数字，都是英文单词对应的字母数。

你会玩这个游戏吗？

♣ 游戏目的

引发好奇心，让学生在玩中加深对英语单词的记忆，学会推理并设计游戏。

◆ 游戏解答

表演者事先将 10 张牌从上到下按 4、9、10、A、3、6、8、2、5、7 放在一副扑克牌的顶部，交叉洗牌时不要动到这 10 张牌。

具体推演如下（圈码数字表示"序"，阿拉伯数字表示"牌"）：

10 张牌牌序：①②③④⑤⑥⑦⑧⑨⑩。

one →④之后，牌型为：⑤⑥⑦⑧⑨⑩①②③；

two →⑧之后，牌型为：⑨⑩①②③⑤⑥⑦；

three →⑤之后，牌型为：⑥⑦⑨⑩①②③；

four →①之后，牌型为：②③⑥⑦⑨⑩；

five →⑨之后，牌型为：⑩②③⑥⑦；

six →⑥之后，牌型为：⑦⑩②③⑦⑩②③（后 4 个理解为循环）；

seven →⑩之后，牌型为：②③⑦②③⑦（后 3 个理解为循环）；

eight →⑦之后，牌型为：②③②③②③（后 4 个理解为循环）；

nine →②之后，牌型为：③；

ten →③。

①②③④⑤⑥⑦⑧⑨⑩→ 4，9，10，A，3，6，8，2，5，7。

六年级

1. "七分之几" 圈

♠ **游戏器具**

6 张扑克牌按右图摆放。

♥ **游戏玩法**

请计算一下 $\frac{1}{7}$，$\frac{2}{7}$，…，$\frac{6}{7}$ 的值，它们与图中的数字有什么关系？

♣ **游戏目的**

让学生感受数之趣，体验无限循环小数。

◆ **游戏解答**

从圈上的某个点开始，顺时针循环下去，就可以得到分母是 7 的所有分数的数值，具体如下：

$$\frac{1}{7} = 0.142857142857\cdots \qquad\qquad \frac{2}{7} = 0.285714285714\cdots$$

$$\frac{3}{7} = 0.428571428571\cdots \qquad\qquad \frac{4}{7} = 0.571428571428\cdots$$

$$\frac{5}{7} = 0.714285714285\cdots \qquad\qquad \frac{6}{7} = 0.857142857142\cdots$$

2. 不会有错

♠ **游戏器具**

一副扑克牌，去掉大小王。

♥ 游戏玩法

先将 52 张牌分为四叠，每叠 13 张，各自洗牌后，将四叠牌合为一叠，再洗牌。然后将牌横排四行，每行 13 张，每行的第一张是明牌，其余都是牌背朝上的暗牌。观众随意说一张牌名，表演者就能从牌中找出对应的牌。如果观众在任何牌上指一下，要表演者讲出牌名，表演者也能说出牌名，不会有错。

你知道其中的奥秘吗？

♣ 游戏目的

多次感受周期现象，透视游戏背后的数学知识，培养学生的动手能力、想象能力、记忆能力和推算能力。

◆ 游戏解答

（1）对于观众说牌名，表演者找对应的牌：

①把 52 张牌按黑桃、红心、梅花、方块的顺序，从左到右分成四叠，每叠牌从 A 到 K，按顺序整理好，A 在下面，K 在上面，牌背朝上，横列桌上（图 1）。

②把每叠牌用顺序洗牌法洗牌，放回原处，牌背仍朝上。

③从右起每叠牌上面取一张牌，第二张放在第一张上面，逐张叠放，第五张仍从右起取牌，直至四叠牌成为一叠（图 2）。

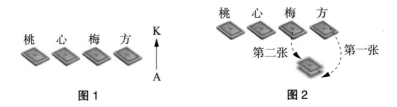

图 1   图 2

④再用顺序洗牌法把全部牌抽洗一遍。

⑤牌背朝上，由上而下取牌，从右到左，一张压一张，横列 12 张牌，共排四行（图 3）。

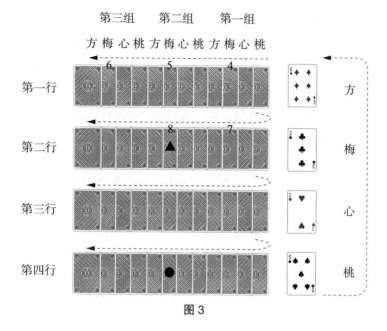

第三组　　第二组　　第一组

方 梅 心 桃 方 梅 心 桃 方 梅 心 桃

第一行

第二行

第三行

第四行

方

梅

心

桃

图3

⑥最后剩下4张，翻开，牌面向上，由下而上，在各行右边加上一张明牌。这4张牌的花色自然包括黑桃、红心、梅花、方块（图3中有箭头的线条表示摆牌的顺序）。

⑦找牌的方法是听观众所报牌的花色，找右边明牌同花色的那一张。找到之后，再按观众所报牌的点数，如大于明牌的点数，把两数相减，得数乘4，得到一个新数。记住这个数。将那张明牌上面的一张牌作为1，向上数，一直数到第一行，从第一行暗牌自右到左数完，按需要从第二行暗牌的第一张向左横数到第12张牌。若还需要，从第三行、第四行暗牌数到对应行的第12张为止。例如，观众报"梅花8"，明牌是梅花3（所报的牌大于明牌），8−3=5，5×4=20。"梅花3"的上一张明牌方块6作为"1"，再从第一行向左横数，数到20，就是观众所报的牌（图3中有▲的牌）。

如果观众所报的牌点小于明牌的点数，应把观众所报牌的点数加13后与明牌花色的点数相减，再乘4（也可以逆向推算）。例如，观众报"梅花A"。A是1，小于3，应加13。1+13=14，14−3=11，11×4=44，数法如上。图3中有●的牌便是观众所报的牌。（逆向推算：1−3=−2，−2×4=8，可以从梅花3往下数，数到黑桃5后，从第四行从左到右数，共数8张，也是●。）

（2）当观众在暗牌上指一张，要表演者报牌名：

①表演者要先知道花色。暗牌的花色是根据明牌的花色排列的。如图3中4张明牌由下而上分别是黑桃、红心、梅花、方块。第一行暗牌向左横数第一张是黑桃，第二张是红心，第三张是梅花，第四张是方块，第五张又是黑桃……12张暗牌正是有规律的三组花色。第二行到第四行的花色也一样，无论观众指在哪张牌上，表演者都会知道那张牌的花色。

②知道了花色，还要报出点数，方法是：看明牌同花色的点数，往第一行向左横点三个数（每四张点一个数）加上去，再往第二行点三个数，第三行、第四行同样如此。因每行花色是三组，点数也就只有三个。

例如，观众指图3中有▲的那张暗牌，因明牌花色由下而上排列是黑桃、红心、梅花、方块，因此可以断定这张牌的花色是梅花。从"梅花3"上面第一张数起，以4为一组，第四张是"梅花4"，第八张是"梅花5"，第12张是"梅花6"，第16张是"梅花7"，第20张（即▲）是"梅花8"。

3. 猜中第五张（1）

♠ 游戏器具

一副扑克牌，去掉大王和小王。

♥ 游戏玩法

观众洗牌，随机抽出5张牌交给助手，助手看后依次将其中的4张牌牌面朝上置于桌面上，第五张牌面朝下。表演者能准确地说出第五张牌的花色和点数。你知道其中的奥秘吗？

♣ 游戏目的

理解抽屉原则、排列组合、对应等知识，培养学生的观察能力。

◆ **游戏解答**

本游戏的关键在助手的配合。

（1）根据抽屉原则，任何 5 张牌，至少有 2 张同花色，如果这 2 张点数差小于 7，则助手将第一张放点数小的，否则就放点数大的。例如，图 1 所示的 5 张图，助手应将第一张放方块 A。

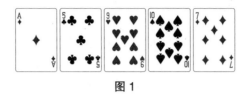

图 1

又如，对于图 2，助手应将第一张应放黑桃 Q。

图 2

（2）助手放完第一张牌后，就暗示表演者最后一张的花色与第一张的一样。

（3）第二、第三、第四张牌按下列原则排序：不同花色按"黑桃＜红心＜梅花＜方块"排序，小的在前，大的在后；同花色按点数排序，小的在前，大的在后。

对应关系：第二、第三、第四张牌若按从小到大的顺序，则对应 1，设为 $(x, y, z) \rightarrow 1$。规定 $(x, z, y) \rightarrow 2$，$(y, x, z) \rightarrow 3$，$(y, z, x) \rightarrow 4$，$(z, x, y) \rightarrow 5$，$(z, y, x) \rightarrow 6$。这等于告诉表演者从第一张牌的点数按图 3 的顺时针走的步数，这样表演者就能知道最后那张牌的点数了。结合前面已经知道的花色，表演者就会知道第五张牌的牌面。

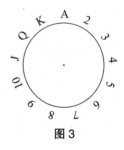

图 3

举例：对于图 1，助手在方块 A 后应依次放梅花 5、红心 9、黑桃 10，第五张就是方块 7。图 4 中，助手在黑桃 Q 后应依次放梅花 7、梅花 9、红心 5，第五张就是黑桃 3。

图 4

4. 袋中认牌

♠ 游戏器具

一副扑克牌。

♥ 游戏玩法

观众任取 5 张牌，牌背向上，并排放在桌上。表演者背对观众，让一观众认一张牌，要求观众从左向右点数，知道所认之牌是第几张，并记住牌名。表演者把 5 张牌收拢，放进口袋。然后留一张牌在口袋中，取出 4 张牌，分置桌上，牌背向上。然后问观众所认之牌是第几张。观众回答后，表演者说："那张牌我早就留在口袋中了。"于是取出来，放在桌上，牌面向上，正是观众认的那张牌。

你能表演吗?

♣ 游戏目的

培养学生的动手能力，防止思维定式。

◆ 游戏解答

在表演之前，表演者事先在口袋中预放 4 张其他牌。表演者收回桌上 5 张牌时，要从左到右按顺序收回。表演者把 5 张牌放进已放有 4 张牌的那个口袋后，取出口袋中事先所藏的 4 张其他牌，放在桌上，牌背朝上排好（观众会误以为这是原来 5 张牌中的 4 张）。表演者按照观众所说的暗数一下，把牌抽出，拿给观众看，就是观众认的牌。

此时桌上仍有 5 张牌，口袋中也有 4 张牌，可以连续表演多遍，不会露出马脚。

注意：暗数时，牌与牌之间不要产生摩擦声。

5. 第16张牌

♠ 游戏器具

一副扑克牌，去掉大小王。

♥ 游戏玩法

观众洗牌，然后从扑克牌中任取16张交给助手，助手将15张牌牌面朝上，1张牌牌面朝下，表演者可以很快说出牌面朝下的那张牌。你能表演吗？

♣ 游戏目的

初识抽屉原则，感受极端情形，培养学生思维的严谨性和深刻性。

◆ 游戏解答

每14张扑克牌中至少有2张点数相同，每5张扑克牌中至少有2张花色相同。13张扑克牌可以无相同点数，4张扑克牌可以无相同花色。

可以构造（13–1）+（4–1）=15张扑克牌，达到"没有一张扑克牌和这15张扑克牌中的某张点数相同，但和另一张花色相同"（右图就是一个极端情形）。也就是，给出点数暗示就不能给出花色暗示，给出花色暗示就不能给出点数暗示。

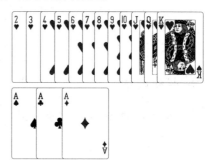

当我们抽取第16张牌时：

情形1：若抽取的是红心，只能是红心A。助手操作如下：第一张暗示花色，最后一张暗示点数。（当然表演者和助手可以实现"密码约定"，不一定是图中的这种"暗示"。）

观众给助手的牌：

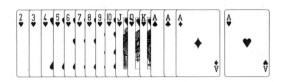

助手摆放的牌：

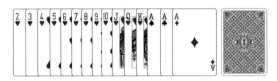

情形2：假设抽取的是黑桃、梅花和方块三者之一的梅花，显然梅花 A 抽取不到，只能是 2~K 中的一张梅花（假设是梅花 8）。助手操作如下：第一张暗示花色，最后一张暗示点数。

观众给助手的牌：

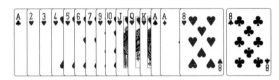

助手摆放的牌：

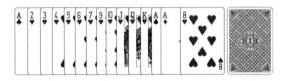

♠ 游戏说明

本游戏多数情况玩 15 张牌或 14 张牌，毕竟出现极端情形的情况极少。

6. 钓鱼游戏

♠ 游戏器具

扑克牌若干张。

♥ 游戏玩法

表演者取一叠扑克牌（共 n 张），洗牌后，请观众从中随意抽取一张，这就是"鱼牌"。表演者让所有观众都认好这张"鱼牌"后，将"鱼牌"插入牌叠中的某个位置。然后表演者把顶部一张牌丢开，把第二张牌移到牌叠的最底下；又把第三张丢开，把第四张牌移到牌叠的最底下。重复操作，直到手中只剩一张牌为止。这时，奇迹出现了：剩下的那张牌竟然就是"鱼牌"！

你知道其中的奥秘吗？

♣ 游戏目的

感受数学在扑克牌魔术中的应用，感受数学的魅力，激发学习数学的兴趣，培养学生反向推理的能力。

◆ 游戏解答

魔术贵在手法。表演者应当想办法把"鱼牌"插入牌叠中的某个特定的位置。这个位置对于表演者来说是已知的。

事实上，采用反向推理不难发现：如果 $n=2^k+m$（$m \leqslant 2^k$），那么，"鱼牌"应插在原来牌叠的第 $2m$ 张位置。

当 $n=2^{k-1}+2^{k-1}$ 时，"鱼牌"应插在原牌叠的第 $2m=2 \times 2^{k-1}=2^k=n$ 张的位置，放于牌叠的最底下。

例如，当 $n=36$ 时，$m=4$，$2m=8$，即"鱼牌"应插在原牌叠的第八张位置上，当表演者拿出 36 张牌时，就记住这个"8"；当 $n=32$ 时，$m=16$，$2m=32$，即"鱼牌"应插在原牌叠的最底下。

7. 多张来凑 10

♠ 游戏器具

三副扑克牌，去掉大小王和 10、J、Q、K。

♥ 游戏玩法

用扑克牌点数来凑 10，看谁"凑"得多。

♣ 游戏目的

学会 10 的分解，体验开放题的答案"不唯一"，感受"有序"和"无解"，初识分类，不重复、不遗漏和逐次逼近。

◆ 游戏解答

2 张"凑"10：A+9，或 2+8，或 3+7，或 4+6，或 5+5；

3 张"凑"10：A+A+8，或 A+2+7，或 A+3+6，或 A+4+5，或 2+2+6，或 2+3+5，或 2+4+4，或 3+3+4；

4 张"凑"10：A+A+A+7，或 A+A+2+6，或 A+A+3+5，或 A+A+4+4，或 A+2+2+5，或 A+2+3+4，或 A+3+3+3，或 2+2+2+4，或 2+2+3+3；

5 张"凑"10：A+A+A+A+6，或 A+A+A+2+5，或 A+A+A+3+4，或 A+A+2+2+4，或 A+A+2+3+3；或 A+2+2+2+3，或 2+2+2+2+2；

6 张"凑"10：A+A+A+A+A+5，或 A+A+A+A+2+4，或 A+A+A+A+3+3，或 A+A+A+2+2+3，或 A+A+2+2+2+2；

7 张"凑"10：A+A+A+A+A+A+4，或 A+A+A+A+A+2+3，或 A+A+A+A+2+2+2；

8 张"凑"10：A+A+A+A+A+A+A+3，或 A+A+A+A+A+A+2+2；

9 张"凑"10：A+A+A+A+A+A+A+A+2；

10 张"凑"10：A+A+A+A+A+A+A+A+A+A。

11 张及以上"凑"10：无解。

8. 发牌

♠ 游戏器具

一副扑克牌。

♥ 游戏玩法

四个朋友一起玩扑克，轮到甲发牌。按照惯例，甲按逆时针方向发牌，将第一张发给甲的右手边的人，最后一张是甲的。当甲正在发牌时，电话响了，甲不得不去接电话。打完电话回来后，甲忘了牌发哪里了。现在，不允许甲数任何一堆已发和未发的牌，但仍需把每个人应该发到的牌准确无误地发到他们的手里，他该如何做？

♣ 游戏目的

培养学生对除法余数的认识和推理能力。

◆ 游戏解答

假设全副牌不包括大小王，总数 52 张，把未发的牌从最后一张开始由下往上发，第一张发给甲，然后按顺时针方向把牌发完即可。如果是全副牌（总数54 张），则第一张牌先发甲的对家。

9. 拿扑克牌

♠ 游戏器具

一副扑克牌。

♥ 游戏玩法

小明手里有几张扑克牌，每次都扔掉手里扑克牌总数的三分之二，然后摸两张牌，这算一次操作。经过这样的操作三次后，小明手里还有三张牌。请问：小明手里最初有多少张扑克牌？

♣ 游戏目的

培养学生的推算能力和递推思维能力。

◆ 游戏解答

设 a_n 是 n 次后手中的牌数，则 $\frac{1}{3} a_2 + 2 = a_3 = 3$，所以 $a_2 = 3$。以此类推，可得 $a_1 = 3$。故小明手里最初有三张牌。

10. 翻转扑克牌

♠ 游戏器具

一副扑克牌。

♥ 游戏玩法

（1）任取 3 张扑克牌，按图 1 摆放，每次同时翻 2 张，翻 3 次，能让 3 张扑克牌的牌面都朝上吗？

（2）任取 6 张扑克牌，按图 2 摆放，每次同时翻 2 张，一直翻，能让 6 张扑克牌的牌面都朝上吗？

（3）任取 8 张扑克牌，按图 3 摆放，每次同时翻 3 张，要求 8 张扑克牌都翻成牌面朝上，需要几步完成？

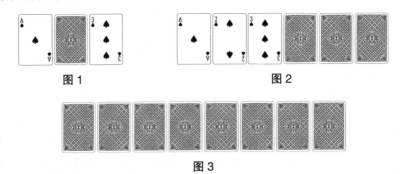

图 1　　　　　　　　　　　　图 2

图 3

♣ 游戏目的

深刻认识奇偶性，培养学生的观察推理能力。

♦ 游戏解答

（1）对于图 1，无论怎么试都会失败。每次翻 2 张扑克牌，不会改变原扑克牌面朝上的奇偶性，图 1 中有 2 张扑克牌牌面朝上，是偶数，若要 3 张（奇数）都朝上，是不可能的。

（2）对于图 2，无论怎么试都会失败。每次翻 2 张扑克牌，不会改变原扑克牌牌面朝上的奇偶性，图 2 中有 3 张扑克牌牌面朝上，是奇数，若要使 6 张（偶数）都朝上，也是不可能的。

（3）对于图 3，同时翻 3 张扑克牌，是可以改变奇偶性的。只要 4 步可以完成：A，2，3 → 3，4，5 → 5，6，7 → 3，5，8。

11. 放编号扑克牌

♠ **游戏器具**

A~6 的 6 张扑克牌。

♥ **游戏玩法**

将 A~6 从上到下放于位 1，位 2 和位 3 空着（图 1）。现在要把扑克牌移成图 2 的样子，要求一次只能移动一张扑克牌，并在移动扑克牌的过程中，放在上面的扑克牌的点数一定要小于压在下面的扑克牌的点数。请问：至少需要移多少次能成功？

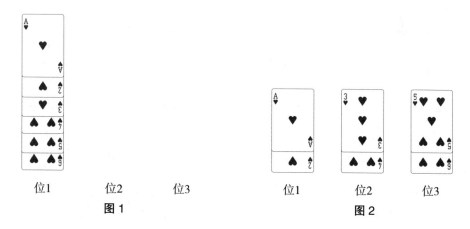

位1   位2   位3   位1   位2   位3

图 1   **图 2**

♣ **游戏目的**

让学生学会触类旁通，领悟"梵塔问题"（或"汉诺塔问题"）的变式问题，培养学生的应变能力。

◆ **游戏解答**

60 次。

（1）将前 5 张扑克牌从位 1 移到位 2 要 31 次（图 3），将扑克牌 6 移到位 3 要 1 次（图 4），小计 32 次。

位1　　　位2　　　位3　　　　位1　　　位2　　　位3

图 3　　　　　　　　　　　　图 4

（2）将位 2 中的 4 张扑克牌（A～4）移到位 1 要 15 次（图 5），将扑克牌 5 移到位 3 要 1 次（图 6），小计 16 次。

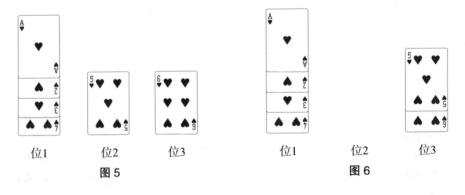

位1　　　位2　　　位3　　　　位1　　　位2　　　位3

图 5　　　　　　　　　　　　图 6

（3）将位 1 中的 3 张扑克牌（A～3）移到位 3 要 7 次（图 7），将扑克牌 4 移到位 2 要 1 次（图 8），小计 8 次。

（4）将位 3 中的 2 张扑克牌（A～2）移到位 1 中要 3 次（图 9），将扑克牌 3 移到位 2 要 1 次（图 10），小计 4 次。

共移动 32+16+8+4=60（次）。

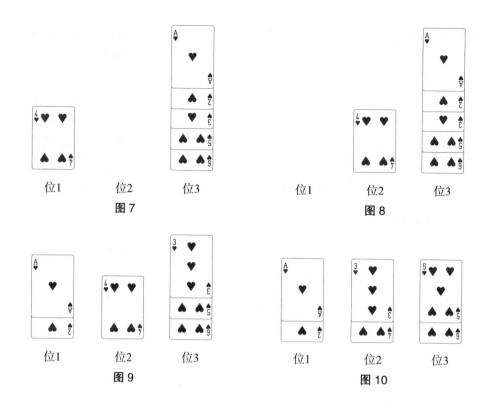

位1　　　　位2　　　　位3

图 7

位1　　　　位2　　　　位3

图 8

位1　　　　位2　　　　位3

图 9

位1　　　　位2　　　　位3

图 10

12. 换向游戏

♠ 游戏器具

任意 9 张扑克牌，按图 1 摆放。

图 1

♥ **游戏玩法**

　　每次可以更换同一行或同一列的 3 张扑克牌的朝向——朝上的换成朝下，朝下的换成朝上。请问：能否通过有限次的"换向"，变成图 2 的样式？

♣ **游戏目的**

　　感受反证法，培养学生的奇偶分析意识和论证能力。

图 2

◆ **游戏解答**

　　聪明的孩子在几次尝试失败之后，一定会猜到结果是否定的。对于否定的结果，直接证明很困难，我们可以利用反证法。

　　假设图 1 能通过"换向"变为图 2。设第一、第二、第三行的牌分别实行了 a、b、c 次"换向"，而第一、第二、第三列的牌分别实行了 x、y、z 次"换向"。显然，每张扑克牌是既接受了行的"换向"，又接受了列的"换向"。于是：

　　红心 A 经过 $a+x$ 次的"换向"，由朝上变朝下；

　　红心 2 经过 $a+y$ 次的"换向"，由朝上变朝下；

　　红心 3 经过 $b+x$ 次的"换向"，保持朝上；

　　红心 4 经过 $b+y$ 次的"换向"，由朝上变朝下。

　　红心 A、2、3、4 共经过 $(a+x)+(a+y)+(b+x)+(b+y)=2(a+b+x+y)$ 次的"换向"操作，这显然是个偶数。但从图 2 中可以看出，红心 A、2、3、4 四张扑克牌所做的总"换向"次数只能是奇数。这是因为偶数次的操作绝不可能把四张朝上的扑克牌变为一张朝上三张朝下。

　　这一矛盾表明，游戏玩法中所说的"换向"是不可能的。

13. 男孩女孩

♠ **游戏器具**

　　如下图所示的 10 张扑克牌，摆成一圈。

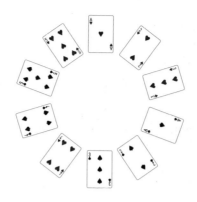

♥ 游戏玩法

5 张黑色扑克牌代表 5 个男孩，5 张红色扑克牌代表 5 个女孩，他们围成一圈做游戏。大家都讨厌数 13，因而规定：从某个人开始按顺时针方向数到 13 者，便认为是"被老虎吃掉"了。其中一个男孩算了一会儿说："从小婕（图中红心 A）数起"。结果 5 个女孩全部被"吃掉"。

又过了一会儿，一个女孩说："这样吧，咱们重来，还是从小婕数起，每次不数 13，而是数另外一个数 x。"结果 5 个男孩皆"被吃掉"。

请问，x 是哪个数？

♣ 游戏目的

培养学生的实验意识和逆推思维能力。

◆ 游戏解答

x 是 14。

14. 扑克牌点数

♠ 游戏器具

一副去掉大小王的扑克牌，共计 52 张（含 4 种花色：红心、方块、黑桃、梅花，每种花色牌都有 1 点、2 点……13 点牌各一张）。

把牌洗好后牌背朝上放好。

（1）请问一次至少抽取多少张牌，才能保证其中必定有两张牌的点数和颜色都相同？

（2）如果要求一次抽出的牌中必定有三张牌的点数是相邻的（不计颜色），至少要取多少张牌？

♣ 游戏目的

让学生感受极端思想，培养思维的深刻性。

◆ 游戏解答

（1）最不利的情况是两种颜色都抽取了 1~13 点各一张，此时再抽取一张，这张牌必与已抽取的某张牌的颜色与点数都相同，所以答案是 27。

（2）最不利的情况是：先抽取了 1、2、4、5、7、8、10、11、13 点各四张，此时再抽取一张，这张牌的点数是 3、6、9、12 中的一个，在已抽取的牌中必有三张的点数相邻，所以答案是 37。

15. 全部朝上

♠ 游戏器具

任意取 16 张扑克牌，按图 1 摆放。

图 1

💜 游戏玩法

每次可以选任一行或一列的所有扑克牌朝向改变——朝上变朝下、朝下变朝上，不限次数。用这种方法，将所有的扑克牌都变成朝上（图2），最少需要变几次？

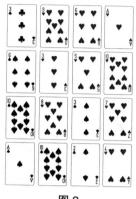

图 2

♣ 游戏目的

培养学生的观察能力和想象能力，体验整体思维意识。

◆ 游戏解答

最少要变4次：第一行→第四行→第二列→第三列。

16. 十张变五叠

♠ 游戏器具

任意10张扑克牌，排成一行（如下图）。

💜 游戏玩法

任取其中一张扑克牌，将其放在相距两张扑克牌的位置上，即第三张扑克牌之上（所取牌为第一张）。重复5次，得到各有两张扑克牌的五叠牌。在上述过程中，可以越过两个单张的扑克牌，也可以越过叠在一起的两张扑克牌。如何操作？

培养学生的观察能力、推理能力和思维能力。

◆ 游戏解答

答案之一：

第一步：

第二步：

第三步：

第四步：

第五步：

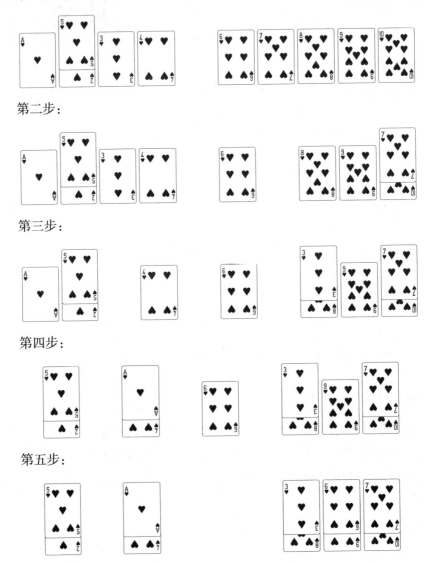

17. 王牌

♠ **游戏器具**

13 张扑克牌，其中 4 张红心、2 张黑桃、1 张方块、6 张梅花，牌背朝上。

♥ **游戏玩法**

在一个纸牌游戏中，老师的手中有这样的一副牌：

（1）正好有 13 张牌；

（2）每种花色至少有 1 张；

（3）每种花色的张数不同；

（4）红心和方块总共 5 张；

（5）红心和黑桃总共 6 张；

（6）属于"王牌"花色的有 2 张。

红心、黑桃、方块和梅花四种花色，哪一种是"王牌"花色？

♣ **游戏目的**

培养学生的推理能力。

◆ **游戏解答**

根据条件（1）（2）（3），老师手中牌的花色分布可能是以下三种情况之一：（a）1，2，3，7；（b）1，2，4，6；（c）1，3，4，5。

根据条件（6），情况（c）被排除，因为其所有花色都不是 2 张牌；根据条件（5），情况（a）被排除，因为其中任何两种花色的张数之和都不是 6。因此，（b）是实际的花色分布情况。

根据条件（5），其中要么有 2 张红心和 4 张黑桃，要么有 4 张红心和 2 张黑桃。根据条件（4），其中要么有 1 张红心和 4 张方块，要么有 4 张红心和 1 张方块。综合条件（4）和条件（5），其中一定有 4 张红心，从而一定有 2 张黑桃。因此，黑桃是"王牌"花色。

所以，老师手中有 4 张红心、2 张黑桃、1 张方块和 6 张梅花。

18. 心里想的牌

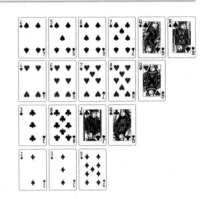

♠ 游戏器具

摆出右图所示的牌面。

♥ 游戏玩法

老师看着图中的牌，心里想着拿走一张牌，然后告诉了甲这张牌的点数，告诉了乙这张牌的花色。老师问："我心里想的是拿走哪张牌？"甲说："我不知道这张是什么牌。"乙说："我也不知道这张是什么牌。"甲这时说："现在我知道拿走的是哪张牌了。"乙也接着说："我也知道了。"请问老师心里想的是哪张牌？

♣ 游戏目的

培养学生的观察能力和逻辑推理能力。

◆ 游戏解答

甲第一次说"我不知道这张是什么牌"，排除单张出现的 2、5、9、J、K。乙第一次说"我也不知道这张是什么牌"，排除了方块 3。甲第二次说"现在我知道拿走的是哪张牌了"，显然只有单张的梅花 3；当甲知道是哪张牌时，乙也知道是那张单张梅花 3 了。

♠ 游戏拓展

老师在黑板上写下 10 个数：158、236、345、357、536、567、636、626、827、812，老师心里想一个数，告诉甲百位数，告诉乙十位数，告诉丙个位数，让学生轮流公开回答"知"或"不知"。第一轮：甲说不知，乙说不知，丙说不知；第二轮：甲说知，乙说知，丙说知。老师心里想的三位数是 _____。

答案：536。

19. 3 张牌排序（4）

♠ 游戏器具

一副扑克牌。

♥ 游戏玩法

把三张扑克牌牌面朝下摆成一排。已知：

（1）红心在 A 的左边；

（2）梅花在 Q 的左边；

（3）黑桃和 J 不相邻；

（4）黑桃和红心不相邻。

请问，你能确定这三张扑克牌牌面及其排序吗？

♣ 游戏目的

培养学生的方向感、推理能力和调整能力。

◆ 游戏解答

20. 14 个 "伏兵"

♠ 游戏器具

一副扑克牌。

♥ 游戏玩法

（1）表演者向观众展示一副牌，并当着观众的面将整副扑克牌洗几次。

（2）表演者向观众交代游戏的规则：①不管牌的花色，大王，A，2，…，J，Q，K的点数分别为0，1，2，…，11，12，13。②观众拿到牌后将牌背朝上，从底下一张一张往上移牌，移多少张由观众自己决定，但移牌总张数不能超过13张。

（3）观众移牌时，表演者背对观众。移完后，观众把牌交给表演者，表演者从背后能很快地从整副扑克牌中抽出一张牌（把它称为指示牌），此指示牌的点数刚好就是观众移牌的张数。

比如，表演者将牌面朝下的整副牌交给甲，然后背对甲，甲根据规则，按顺序移牌，移了6张牌后将整副牌码齐，交给表演者。

表演者接过整副牌后，立即将其拿到自己的背后，在牌面朝下的整副牌中摸了一阵后，将一张牌抽出露出一半（把此牌作为指示牌），然后将这样的整副牌移到身前展示给观众（如右图）。

表演者手指这张指示牌问甲："你刚才移牌的张数是不是这张牌的点数？"甲愣了一下，然后连连点头称是。观众都感到很奇怪。

表演者将整副牌码齐后又交给乙，让他也像甲那样操作移牌。乙为了防止表演者看见他移牌的动作，离开现场到一个十分隐蔽的地方进行移牌。他一共移了12张，将牌码齐后交给表演者。

表演者接过牌后将牌拿到自己的身后，同之前操作，然后把牌拿到身前，将牌面朝向观众，手指指示牌问乙："你移牌的张数是这张牌的点数吗？"乙看见指示牌为Q（12），十分惊讶地说："是！是！是移了12张牌。"观众越发感到神奇。

表演者将牌码齐后又交给丙，表演者背对丙，丙做了一系列移牌动作（实际上他一张牌也没移），也把牌码齐后交给表演者。

表演者将牌拿到背后，很快在整副扑克牌中抽出一张牌，使其露出一半，然后将牌拿到身前，指着那张露出的牌对丙说："你移牌的张数就是这张牌的点数！"丙一看是大王，想起游戏的规定，十分佩服地说："对！我确实一张也没移。"观众此时仍意犹未尽。又有几名观众接着移牌，表演者都十分准确地猜出移牌的张数，观众对此惊奇不已！

你知道其中的奥秘吗？

♣ 游戏目的

感受周期现象，学会代数推理，体验数学之妙。

◆ 游戏解答

奥秘在于表演者对这副牌中的一部分牌的排列事先做了精心设计：

牌面朝下，最下面底牌的点数为 K，最上面的 13 张牌依次为 Q，J，10，…，2，A，大王，这 14 张牌在此游戏中扮演着十分重要的角色。为了叙述方便，将 K，Q，J，…，2，A，大王这 14 张牌称为"伏兵"，它们在整副牌的位置称为"埋伏区"，如下图所示。

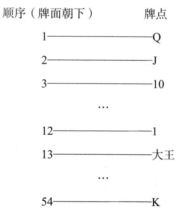

不管观众移多少张牌（不超过 13 张），表演者接过牌面朝下的整副牌并将牌拿到自己的背后，表演者实际上是从上往下数到第 13 张牌，将此牌（指示牌）抽出露出一半，这张牌的点数一定等于观众移牌的张数。

上面游戏中，甲移牌 6 张，那么，从上往下数，第 13 张牌的点数一定为 6（游戏中为方块 6）。在表演者询问甲时，他也趁机看了这张指示牌，心中要记准指示牌的点数，因为下一次猜移牌张数时需要这个点数。

下图是一个直观的推理，其中 M、N、P 是随机牌：

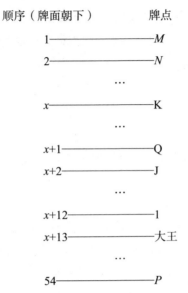

$$\begin{array}{ccc}\text{顺序（牌面朝下）} & & \text{牌点} \\ 1 & \text{———} & M \\ 2 & \text{———} & N \\ & \cdots & \\ x & \text{———} & \text{K} \\ & \cdots & \\ x+1 & \text{———} & \text{Q} \\ x+2 & \text{———} & \text{J} \\ & \cdots & \\ x+12 & \text{———} & 1 \\ x+13 & \text{———} & \text{大王} \\ & \cdots & \\ 54 & \text{———} & P \end{array}$$

不管观众移多少张牌（不超过 13 张），表演者在自己背后从上往下数到第（13+ 上位观众移牌的张数）张牌，例如上面游戏中甲移牌张数为 6，13+6=19，那么这次表演者就从上往下数到第 19 张牌，将其作为指示牌，并将它抽出露出一半，这张牌的点数一定等于乙移牌的张数。游戏中乙移牌张数为 12，那么从上往下数第 19 张牌的点数一定为 Q。

在表演者询问乙时，趁机看清并记住指示牌的点数，以备下一次猜移牌张数时使用。

♠ 游戏说明

此游戏可以一直进行下去，当表演者所要数的数字超过 54 时，表演者要减去 54 再数牌。

21. 背诗寻牌

♠ 游戏器具

一副扑克牌。

把一副牌递给观众，让他随意把牌发到桌子上，发的牌数为30~39张。发牌时表演者要背对观众。

请观众在其所发的这叠牌中记住从下往上数的某个位置的这张牌。这个位置根据观众发的牌数的两个数字之和来确定。比如观众发了32张牌，3+2=5，观众要记住从下往上数的第七张牌，并保持牌的位置不变。

表演者面向观众。为增加表演效果，表演者表示自己会根据一首七言唐诗寻找牌。表演者拿起这副牌，从上往下，每念诗中的一个字就拿掉一张牌，当念到整首诗的最后一个字时，瞬间把那张牌翻过来，就是观众记的牌。

你知道其中的奥秘吗？

♣ 游戏目的

感受代数推理的魅力。

◆ 游戏解答

设观众选的数为3x=30+x，观众从下往上数到3+x时，从上往下数的位置为（30+x）–（3+x）+1=28，而七言诗正好28个字。

♠ 游戏说明

观众发的牌数若为20~29，（20+x）–（2+x）+1=19，表演者可以找一首五言诗，念到第19个字时翻牌；若观众发牌数为10~19，（10+x）–（1+x）+1=10，表演者可以找一首五言诗，念到第10个字时翻牌。

22. 不败之策

♠ 游戏器具

一副扑克牌，去掉大小王。

♥ 游戏玩法

一副牌洗牌后，把 52 张牌从左到右正面朝上排列。甲乙轮流拿牌，每次只能在最左或最右端拿一张牌。52 张牌全部拿完后，把两人手里的牌分别相加（A、J、Q、K 分别代表 1、11、12、13）。谁的牌加起来的和最大，谁就是胜利者；大小一样算和局。

请问：如果是甲先拿，有不败的策略吗？

♣ 游戏目的

培养学生分析奇偶的能力，感受数学之神奇。

♦ 游戏解答

把 52 张牌编号，然后把奇数位的牌和偶数位的牌分别累加，看是奇数位牌的总和大还是偶数位牌的总和大。如果是奇数位的大，甲每次都拿奇数位的牌；如果是偶数位的大，甲每次都拿偶数位牌。

例如，如果是奇数位的牌的和大，即第 1、第 3、第 5、第 7……第 51 张牌的和大，那么甲先拿第 1 张，这样乙只能拿第 2 张或第 52 张（即都是偶数位的）。等乙拿完后，第 3 张和第 51 张就在两端了，又有一张奇数位的牌可以拿。如此下去，直到最后，甲拿的都是奇数位上的牌，乙拿的都是偶数位上的牌。

根据策略，除非奇数位和偶数位的总和一样大产生和局，否则总是甲赢。这就是所谓的"不败策略"。

♠ 游戏说明

本游戏是扑克游戏"先手定奇偶"的升级版。

可以根据学生的水平，选 8 张牌，或 10 张牌，或 20 张牌……牌略少一些，相对容易看出奇数位点数之和和偶数位点数之和的大小，然后再决定"先手"取奇数位还是偶数位的牌。

牌数略少时，还可以将所有牌的牌背朝上，这样玩起来更有迷惑性。

23. 顶牌点数和

♠ 游戏器具

一副扑克牌。

♥ 游戏玩法

表演者先数出 30 张，牌背朝上，整叠置于桌上，这堆牌称为主堆 1。然后将剩余的 24 张牌随机摆放成五堆（图 1），每堆牌面朝上。从顶牌（顶牌点数小于 10）的点数往下数，数到 9，如有多余的牌，牌背朝上放在前面的 30 张牌那堆上，这堆牌称为主堆 2。

表演者请观众从五堆牌中拿走两堆，牌背朝上放在主堆 2 上，这堆牌称为主堆 3。

表演者请观众将桌面上牌面朝上的三堆（图 2）的顶牌点数相加，和为 M，表演者就能在说出主堆 3 中第 M 张牌是什么牌。

你知道其中的奥秘吗？

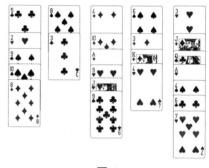

图 1

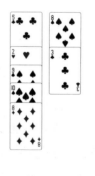

图 2

♣ 游戏目的

培养学生的代数推理能力，激发学习兴趣。

◆ 游戏解答

设三堆顶牌点数分别为 x、y、z，则这三堆牌的总张数为 $(10-x)+(10-y)+$

$(10-z)=30-(x+y+z)$，24 张牌中放回主堆 1 的牌的张数为 $24-[30-(x+y+z)]=(x+y+z)-6$。这表明：表演者只要记住主堆 1 中 30 张牌从上往下的第六张牌即可，即主堆 3 的第 $x+y+z$ 张牌就是主堆 1 的第六张牌。

♠ 游戏说明

为了让观众不易识破"每堆顶牌点数与该堆的张数之和为同一常数"这一现象，表演者可以做一些变化，比如先做出的五堆牌，奇数列从顶牌点数往下数，数到 9，偶数列从顶牌点数往下数，数到 10，这样表演者就要暗记主堆 1 中 30 张牌从上往下数的第六、第七、第八张牌。若观众选中的三列为"三奇"，则报第六张牌；若观众选中的三列为"两奇一偶"，则报第七张牌；若观众选中的三列为"一奇两偶"，则报第八张牌。

24. 反序求变对牌

♠ 游戏器具

两副扑克牌，各自去掉大小王。

♥ 游戏玩法

牌背为红色的扑克牌红心 A~K，共 13 张；牌背为蓝色的扑克牌红心 A~K，共 13 张。把这 26 张扑克牌交叉洗牌一次，可以把交叉洗牌后的牌面给观众看，之后牌背朝上，可见颜色混杂，将 26 张牌的牌背朝上置于桌上。表演者请观众选择要红色还是要蓝色，然后翻出一张牌，表演者就能从牌背朝上的牌中找出同样的一张牌。

♣ 游戏目的

感受排序、反序和对应，体验周期和广义对称，培养学生的推算能力、想象能力和思维能力。

（1）备好扑克牌（图1），其中梅花 A~K 当作序号用。第一行为牌背为红色的红心 A~K，共13张；第三行为牌背为蓝色的红心 A~K，共13张。

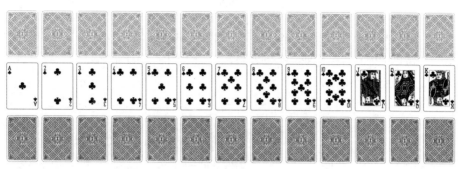

图1

（2）把扑克牌按图2摆放：第一行的第 n 位，对应第三行的第 $3n$ 位。如第一行的红心 A 是第1位，在第三行就在第3位；第一行的红心6是第6位，在第三行就在第18位（超过13的就从头循环）。

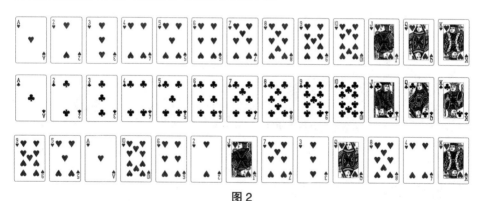

图2

（3）取牌顺序：第一行从左到右一张一张往上放，第三行从右到左一张一张往上放，如图3所示。

（4）将图3的牌反过来，牌背朝上。左手持红色牌，右手持蓝色牌，交叉洗牌后，从左到右摆放成图4。

图3

图 4

（5）若观众选择牌背为红色的牌，表演者就按红色牌的位置的"反序且 3 倍"在蓝色牌中寻牌。比如，红色牌第 3 张（图 5 中左边那张红心 3 牌背为红色）对应蓝色牌反序的第 9 张。

图 5

若观众选择牌背为蓝色的牌，表演者就按蓝色牌的位置的"反序且 3 倍"（每三张算一位）在红色牌中寻牌。比如，蓝色牌每三张算一位（图 6 中右边那张红心 6 牌背为蓝色），蓝色牌是第 6 位，则对应红色牌的第 6 位（即左边那张红心 6）。

图 6

♠ 游戏说明

这是扑克游戏"两副牌合洗"的升级版。表演者熟练后可以让第一行的牌乱序，不一定从 A~K，可以是 A~K 的任意一种排列，相应的第三行是第一行的"反序且 3 倍"，这样的表演更会让观众"眼花缭乱"。

25. 甲能胜出

游戏器具

一副扑克牌。

游戏玩法

现有扑克牌智力题如下：

甲：1张2，3张K，3张J，2张9，2张7，2张6，2张5，2张4，1张3。

乙：2张A，2张10。

规定：由甲先出，先出完者为胜。规则符合一般出牌规则，可出三带二（如3张J带2张4），但不可出三带一（如3张K带1张3）。可出五连顺（如3、4、5、6、7），但不可出四连顺（如4、5、6、7），也不可出连对（如4、4、5、5）。

请问：甲如何胜出？

游戏目的

培养学生的对策思维能力和逻辑思维能力。

游戏解答

甲先出3，然后将对子全都拆开单出，直至乙拆开一个对子。如果乙拆的是10，则甲用J或者K管；如果乙拆的是A，则甲用2管。然后甲一直出对，乙必定会剩下一个单张（如果留有3个K或者3个J，记得留下一个三带二）。

26. 口袋里的牌

游戏器具

一副扑克牌。

♥ 游戏玩法

请观众洗一副牌，然后让观众检查一下，确保这副牌没有问题。表演者把牌摊在桌子上，牌面朝上（左边的每一张牌应该在其右边牌的下方）。摊牌时要特别注意这副牌的左边部分，要能暗数出 13 张牌。表演者必须记住左起第一张牌的牌面，然后把这 13 张牌递给观众，牌面朝上（表演者记住的牌变成 13 张牌的最后一张）。

把其他牌收起来，牌面朝上放在一边。

表演者背对观众，请观众想象有一个钟表，在钟表盘的 12 个时刻中任选一个时刻。观众要从 13 张牌中悄悄拿出与所选时刻对应数量的一小叠牌，牌面朝上，从上拿牌然后把这叠牌放回口袋里。比如，观众选择的时刻是 4 点，就把 4 张牌放进口袋。剩下来的牌还是牌面朝上，放到刚才放在一边的那组牌上面。

表演者面对观众，表示自己并不知道观众取的牌的数量。现在表演者需要用 12 张牌摆出钟表的表盘时刻。表演者从放在一边的组牌中取出 12 张牌，牌面朝上。12 张牌的第一张放到表盘 1 点的位置，然后以顺时针方向继续摆放。

放完后，表演者即可报出观众口袋里的牌的张数。你能做到吗？

♣ 游戏目的

学会基本推理，感受数学的魅力。

◆ 游戏解答

假设观众将 x 张牌放入口袋，则余牌为 $13-x$。顺时针排列，表演者记住的那张牌是第 $13-x$ 张，从 12 点逆时针数到 $13-x$ 位的数为 $12-(13-x)+1=x$。

27. 剩下哪张牌

♠ 游戏器具

一副扑克牌。

💜 游戏玩法

一副扑克牌牌背朝上，从上到下的排列顺序是：大王，小王，4 个 A，4 个 2，4 个 3，4 个 4……4 个 J，4 个 Q，4 个 K。每个数字的牌又按黑桃、红心、梅花、方块 4 种花色排列。

按上述规律排列的扑克牌从上到下分别把第一张牌丢掉，第二张牌放到最底下，第三张牌丢掉，第四张牌放到最底下，直到剩下最后一张牌。剩下的那张牌是什么？

♣ 游戏目的

尝试用周期原理解决问题，培养学生的数学实验意识。

◆ 游戏解答

可以将 54 张牌编号 1~54，然后将 54 个数写成一个圆圈，从 1 开始依次隔一个数删掉一个数字，到最后会发现剩下的数字为 44，也就是红心 J。

28. 要牌给牌

♠ 游戏器具

黑桃 A~8。

💜 游戏玩法

请观众这样洗牌：黑桃 A、2、3、4、5、6、7、8 牌背朝上，从上到下点数依次递增。把顶部的黑桃 A 放到桌子上，黑桃 2 移到手中牌底部，再把当前在顶部的黑桃 3 放到黑桃 A 的上面，黑桃 4 移到手中牌的底部，重复操作，直到手里的牌全部发完，8 张牌在桌子上形成一叠。

上面的操作，称为一次洗牌。

洗 4 次牌后，观众将牌交给表演者手中，牌背朝上，表演者将牌放到背后。

请观众报出黑桃 A~8 的某一张，表演者即可从背后准确地拿出这张牌。

你知道其中的奥秘吗?

♣ 游戏目的

感受周期,体验"变与不变",培养学生的动手能力和数学实验能力。

◆ 游戏解答

连续洗牌后,我们可以重新得到这些牌原来的顺序。

初始	A	2	3	4	5	6	7	8
1洗	8	4	6	2	7	5	3	A
2洗	A	2	5	4	3	7	6	8
3洗	8	4	7	2	6	3	5	A
4洗	A	2	3	4	5	6	7	8

在 4 次洗牌后,这副牌又回到原来的顺序。洗牌的过程中,牌的变化情况如下:A 和 8 互换位置,我们就说它们是 2 次一个循环;2 和 4 互换位置,也是 2 次一个循环;3 在经过 3 → 6 → 5 → 7 → 3 后恢复原位,我们说它们是 4 次一个循环,6,5,7 同样如此。2、2、4 的最小公倍数与让这副牌回到初始状态必须洗 4 次牌之间存在某种关系。因此,表演者根据"4 次复原",能从背后摸出观众要的牌。

表演者若能记住(A,8),(2,4),(3,6,5,7)循环,就能表演出更多的戏法。

♠ 游戏拓展

(1)一副 10 张黑桃的牌,从上往下按 A 到 10 排列,连续洗牌后的顺序变化如下:

初始	A	2	3	4	5	6	7	8	9	10
1洗	4	8	10	6	2	9	7	5	3	A
2洗	6	5	A	9	8	3	7	2	10	4
3洗	9	2	4	3	5	10	7	8	A	6
4洗	3	8	6	10	2	A	7	5	4	9
5洗	10	5	9	A	8	4	7	2	6	3
6洗	A	2	3	4	5	6	7	8	9	10

通过观察发现，10 张牌出现了 3 次一个循环 1 组（2、8、5），6 次一个循环 1 组（A、4、6、9、3、10），1 次一个循环 1 组（7）。1、3、6 的最小公倍数是 6，因此需要洗 6 次牌才能让这副牌回到原来的顺序。

但是 7 是一个不变量。这样，我们可以玩每次找出 7 的游戏了。

（2）一副 A~K 的 13 张黑桃牌，按照相同洗牌法洗牌，变化情况如下：

初始	A	2	3	4	5	6	7	8	9	10	J	Q	K
1 洗	10	2	6	Q	8	4	K	J	9	7	5	3	A
2 洗	7	2	4	3	J	Q	A	5	9	K	8	6	10
3 洗	K	2	Q	6	5	3	10	8	9	A	J	4	7
4 洗	A	2	3	4	8	6	7	J	9	10	5	Q	K

不用一直洗下去，所有的循环已经全出现：1 次一个循环有 2 组：2 和 9；3 次一个循环有 1 组：5、8、J；4 次一个循环有 2 组：K、A、10、7 和 3、6、4、Q。

1、1、3、4、4 的最小公倍数是 12。要找回初始牌序，需要洗 12 次牌。

2 和 9 是两个不变量，这样表演者又可以由此变魔术了。

（3）6 张和 12 张牌的洗牌，没有不变量，要把牌恢复到初始状态的洗牌次数等于牌的数量。表演者又该如何设计游戏呢？

6 张牌：

初始	1	2	3	4	5	6
1 洗	4	6	2	5	3	1
2 洗	5	1	6	3	2	4
3 洗	3	4	1	2	6	5
4 洗	2	5	4	6	1	3
5 洗	6	3	5	1	4	2
6 洗	1	2	3	4	5	6

12 张牌：

初始	1	2	3	4	5	6	7	8	9	10	11	12
1 洗	8	12	4	10	6	2	11	9	7	5	3	1
2 洗	9	1	10	5	2	12	3	7	11	4	6	8
3 洗	7	8	5	6	12	1	4	11	3	2	10	9
4 洗	11	9	6	2	1	8	10	3	4	12	5	7
5 洗	3	7	2	12	8	6	5	4	10	1	6	11
6 洗	4	11	12	1	9	7	6	10	5	8	2	3
7 洗	10	3	1	8	7	11	2	5	6	9	12	4
8 洗	5	4	8	9	11	3	12	6	2	7	1	10
9 洗	8	10	9	7	3	4	1	2	12	11	8	5
10 洗	2	5	7	11	4	10	8	12	1	3	9	6
11 洗	12	6	11	3	10	5	9	1	8	4	7	2
12 洗	1	2	3	4	5	6	7	8	9	10	11	12

29. 一堆牌的张数

♠ 游戏器具

一副扑克牌。

♥ 游戏玩法

表演者拿出一副牌，展开让观众确认无问题，然后牌面朝下。洗牌，之后请观众将整副牌分为两堆（牌数大致相等），分别称其为上部堆和下部堆。请观众将下部堆的牌任洗几次，然后背对表演者数清该堆牌的张数，比如有 24 张，观众便将 24 写在一张卡片上，请其他观众帮助记住。

观众将下部堆牌放在上部堆牌上面，将整副牌码齐后交给表演者。表演者接过牌，立即将牌面朝下置于身后，摸了一阵后，将牌拿到身前，就能准确说出下部堆的牌的张数。

你能揭秘吗？

♣ 游戏目的

学会代数推理，感受数学之神奇。

◆ 游戏解答

这副牌表演者事先做了精心设计，设计了"埋伏区"，在牌面朝下的整副牌的最上面是"伏兵"，点数依次为 K，Q，J，…，A 和大王（表示 0），共 14 张牌。在展牌时这 14 张牌并没有展开，而洗牌时必须确保"埋伏区"中的这 14 张牌仍位于最上面，而且顺序保持不变。

表演者从观众手中接过牌并将其拿到自己的背后，实际上是在从上往下数牌，当数到第 32 张时，将此牌作为指示牌抽出，放到整副牌的最下面。

当表演者将牌拿到身前，在码牌的过程中，趁机看清位于最下面的那张指示牌的点数。假设为 y，那么 $y+18$ 就是下部堆的张数 x。

上述游戏中，$y=6$，故 $x=6+18=24$。

数学原理：

（1）表演者将整副牌分堆时，有意使两堆的张数大致相等，这样就可确保下部堆的张数 x 满足如下条件：

$$19 \leqslant x \leqslant 31,$$

这是整个游戏成功与否的关键。

（2）当观众将下部堆牌全部放在上部堆上后，整副牌的分布状态应如下图所示。

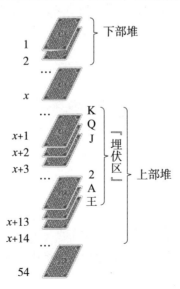

仔细观察上图，在"埋伏区"中，点数分别为 K，Q，J，…，2，A 和大王的 14 张牌中的每一张牌的点数与该牌从上往下数到这张牌的张数之和都是一常数 c，而 $c=14+x$。

若令

$$x=y+18，$$

则有

$$c=14+18+y=32+y。$$

前面已强调了 x 的范围，即 $19 \leqslant x \leqslant 31$，所以从上图可以断定，从上往下数到第 32 张牌，肯定会落入"埋伏区"，即点数分别为 K，Q，J，…，2，A 和大王的 14 张牌之中（当 $x=19$ 时，第 32 张为"埋伏区"中点数为 A 的那张牌，当 $x=31$ 时，第 32 张为"埋伏区"中点数为 K 的那张牌），而且由 $c=32+y$ 知，第 32 张牌的点数肯定为 y。于是，$y+18=x$ 就是下部堆的张数了。

♠ 游戏说明

只要上述游戏表演次数多了，技艺熟练了，也可用目测的方法大致估计出下部堆张数的范围，心中临时修改上述游戏中 18 和 32 这两个参数，以确保 $0 \leqslant y \leqslant 13$。例如，估计 $15 \leqslant x \leqslant 20$，此时可令 $x=10+y$，则 $c=14+x=24+y$，则从上往下数到第 24 张牌作为指示牌，然后将指示牌的点数加上 10 就是下部堆张数 x。又如，估计 $30 \leqslant x \leqslant 35$，此时可令 $x=25+y$，则 $c=14+x=39+y$，即从上往下数到第 39 张牌作为指示牌，然后将指示牌的点数加上 25 就是下部堆张数 x。这样会使这个游戏更加有趣。

30. 一堆牌取牌

♠ 游戏器具

一副扑克牌。

♥ 游戏玩法

桌上有 n 张扑克牌，甲、乙两人轮流从牌堆中取牌，规定每次至少取一张，

最多取 m 张，取得最后一张者得胜。

请问：谁能获胜？有没有必胜策略？

♣ 游戏目的

感受"凑"的方法和"取整"意识，培养学生的对策思维能力。

◆ 游戏解答

假设先拿的人为甲，后拿的人为乙。

若 $n \leqslant m$，甲直接全部拿走即可。

若 $n>m$，并且不是 $m+1$ 的倍数，甲第一次拿走若干张牌使得剩下的牌数是 $m+1$ 的倍数，以后每轮甲拿走若干张牌后都保持剩下的牌数是 $m+1$ 的倍数，直到甲拿完牌后剩下 $m+1$ 张牌。这样无论乙从中拿走多少张，甲都能把剩下的牌全部拿走从而获胜。

若 n 是 $m+1$ 的倍数，则乙可采用上述策略获胜。

结论：当 n 正好是 $m+1$ 的倍数时，后拿的人有必胜策略，其他情况都是先拿者有必胜策略。

♠ 游戏说明

若给小学低年级学生做此游戏，可以对 n、m 赋予具体数字。

31. 纸牌四位数

♠ 游戏器具

一副扑克牌，去掉大小王。

♥ 游戏玩法

请观众想一个四位数，然后减去这个数的 4 个数字之和［如四位数是 5678，则 5678-（5+6+7+8）=5652］。观众按黑桃为千位数、红心为百位数、梅花为十位数、方块为个位数取 4 张牌，遇到 0 用一张人头牌（J、Q、K）代替。观众把其中一张扑克牌放进自己的口袋里，其他三张牌牌面朝上放在桌上，表演者即可报出观众口袋中的那张牌。

你知道其中的奥秘吗？

♣ 游戏目的

初识初等数论，尝试学会余数推理。

◆ 游戏解答

观众想的四位数减去这个数的 4 个数字之和，结果为：$1000a+100b+10c+d-(a+b+c+d)=999a+99b+9c=9(111a+11b+c)$，是 9 的倍数。

表演者可以先根据三张牌的花色推出观众口袋中那张牌的花色，然后根据三张牌的点数之和加上多少是 9 的倍数，就能确定点数了。有了花色和点数，表演者就能准确报出观众口袋中的那张牌。

32. 4 翻 3

♠ 游戏器具

任意 4 张扑克牌。

♥ 游戏玩法

有 4 张扑克牌牌面朝下放在桌上。现在要求把它们全部翻成牌面朝上，但每次必须同时翻 3 张牌。请问需要翻几次？

♣ 游戏目的

培养学生的观察能力、想象能力和深度分析能力。

◆ 游戏解答

牌面朝下用 "−" 表示，牌面朝上用 "+" 表示。答案之一：

原始状：－－－－；

第一翻：＋＋＋－；

第二翻不能 3 个都选"＋"，所以只有一种方案，即 1－、2＋。所以，

第二翻：＋－－＋；

第三翻：－＋－－；

第四翻：＋＋＋＋。

33. 按倍数翻牌

♠ **游戏器具**

扑克牌 A～9。

♥ **游戏玩法**

将 9 张扑克牌牌面朝上按序摆放，凡是编号为 1 的倍数的牌翻一次，凡是编号为 2 的倍数的牌翻一次……凡是编号为 9 的倍数的牌翻一次。请问：最后哪几张牌牌背朝上？

♣ **游戏目的**

体验因数和完全平方数。

◆ **游戏解答**

最后牌背朝上的，表明共翻了奇数次。

根据因数的定义：如果 b 是 a 的因数，则有 $a=bc$（c 是整数）。所以除了 $b=c$（即 a 是完全平方数），a 的因数个数都是偶数。

因此，最后牌背朝上的是 1 号、4 号和 9 号牌。

本游戏可以推广到 100 张扑克牌，最后牌背朝上的，共翻了奇数次。这样就变为：1~100 中的哪些数有奇数个因数？

答案：最后牌背朝上的是 1 号、4 号、9 号、16 号、25 号、36 号、49 号、64 号、81 号、100 号牌。

34. 编码猜牌

♠ 游戏器具

一副扑克牌。

♥ 游戏玩法

表演者离开，请观众洗牌后在整副牌中任取 4 张牌，4 张牌牌面朝上给助手看，并指定一张牌翻过来牌面朝下。

你能替助手在余下的 3 张牌上设计一种方案，使得表演者到场后，能猜出观众指定的牌吗？

♣ 游戏目的

培养学生数学游戏的设计意识和实际操作水平，学会提供编码信息，培养学生的观察能力、记忆能力和运算能力。

◆ 游戏解答

把 54 张牌分组，为了便于记忆，分组如下。

第一组：黑桃 A~6；第二组：黑桃 7~Q；第三组：红心 A~6；第四组：红心 7~Q；第五组：梅花 A~6；第六组：梅花 7~Q；第七组：方块 A~6；第八

组：方块 7~Q；第九组：黑桃 K、红心 K、梅花 K、方块 K、小王、大王。每组按序对应 1~6。

设 X 为观众指定的牌，■ 为牌面朝下的牌，U、V、W 为三张明牌。

约定：

（1）UVW 大小约定：同花色，点数大者为大；不同花色，黑桃＜红心＜梅花＜方块。

（2）位序约定：UVW 对应第一组 6 个信息码，■VW 对应第二组 6 个信息码，U■W 对应第三组 6 个信息码，UV■ 对应第四组 6 个信息码，■■W 对应第五组 6 个信息码，■V■ 对应第六组 6 个信息码，U■■ 对应第七组 6 个信息码，■■■ 对应第八组 6 个信息码，3 张明牌"压半张"（如下图）对应第九组 6 个信息码。

有了这样的"约定"，表演者就能把 54 张牌的任意一张猜出来。

举例 1：观众抽牌如下图，且盖住了梅花 4，放在最后一位上。

梅花 4 为第五组的第 4 位。助手先"摆 4"：桃 2 心 9 方 6 → 1，故心 9 方 6 桃 2 → 4；助手再暗示"第五组"：把前两张盖住。

表演者看到：■■W 牌型→第五组→梅花 A~6，翻看前两张盖住的牌得出心 9 方 6 桃 2 → 4。结合"组"和"位"便知是"梅花 4"。

举例 2：观众抽牌如下图，且盖住了方块 J，放在最后一位上。

方块 J 为第八组的第 5 位，助手先"摆 5"：桃 2 桃 5 心 9 → 1，故心 9 桃 2 桃 5 → 5；助手再暗示"第八组"：把前三张都盖住。

表演者看到：■■■ 牌型→第八组→方块 7~Q，翻看前三张盖住的牌得出心 9 桃 2 桃 5 → 5。结合"组"和"位"便知是"方块 J"。

举例 3：观众抽牌如下图，且盖住了大王，放在最后一位上。

大王为第九组的第 6 位，助手先"摆 6"：心 3 方 4 方 J → 1，故方 J 方 4 心 3 → 6；助手再暗示"第九组"：把 3 张明牌"压半张"。

表演者看到：3 张明牌"压半张"→第九组→桃 K、心 K、梅 K、方 K、小王、大王，方 J 方 4 心 3 → 6。结合"组"和"位"便知是"大王"。

♠ 游戏说明

（1）具体游戏时，若可以在观众盖住的牌上放一枚棋子，游戏玩法就可以有很多。比如，约定"明牌 3 张放在 X 的左侧"→黑桃，"明牌 2 张放在 X 的左侧，1 张放在 X 的右侧"→红心，"明牌 1 张放在 X 的左侧，2 张放在 X 的右侧"→梅花，"明牌 3 张放在 X 的右侧"→方块。当确定花色后，对于一副去掉大小王的扑克牌而言，只需要 13 个信息码，在此基础上可以设计"约定"——一种方法是：3 张明牌给出 7 个信息码，■VW、U■W、UV■、■■W、■V■、U■■、■■■，表演者对第 7 个信息只看盖住的牌的位置即可，大大减少了思考时间。

又如，观众相对可能没有注意到"左右"，我们也可以约定"放在 X 左边"→桃心，"放在 X 右边"→梅方，这样对于一副去掉大小王的扑克牌而言，只需要 26 个信息码。

（2）当观众盖住的牌上放一枚棋子，如果没有要求明牌放的位置，问题就更简单了，比如，约定"明牌在 X 的左侧"→黑桃，"明牌在 X 的右侧"→红心，"明牌在 X 的上方"→梅花，"明牌在 X 的下方"→方块。当确定花色后，一副去掉大小王的扑克牌只需要 13 个信息码。

（3）为了让表演者减轻记忆负担，可以考虑去掉扑克牌中的 4 个 K 和大小王。对于观众而言，一般看不出 48 张不是一副扑克牌——即便观众知晓是 48 张牌，"取 4 盖 1 明 3 猜 1"也会让他们惊叹！

我们结合"左右"和"压半张"就可以玩起来。约定"左3张正放"→黑桃，"左3张压半张"→红心，"右3张正放"→梅花，"右3张半压"→方块。每类需要12个信息码：$UVWX$（紧密型）给出6个信息码，$UVWX$（略空型，如W与X之间略空出扑克牌三分之一宽的位置）给出6个信息码。

35. 凑质数

♠ 游戏器具

一副扑克牌，A=1，J=11，Q=12，K=13。

♥ 游戏玩法

甲乙各摸5张，凑质数：可以单牌为质数，可以摆放2张（两位数）成质数，也可以用2张或多张加减乘除得质数，相同的质数只计一次，看谁凑得多。

如甲摸牌：5，6，6，7，9；乙摸牌：A，4，10，10，K。

甲凑的质数：5，7，5+6=11，6+7=13，9−7=2，5+5+6=17，6+6+7=19，6×6+5=41，6×7+5=47，9−6=3，6×（6+7）+5=83，59，67，79，97，共15个；

乙凑的质数：13，4−1=3，4+1=5，1+10=11，4+13=17，10−1+4=7，6+6+7=19，41，10+10+4−1=23，10×10−4+1=97，（10−4）×10+1=61，4×13+1=53，（10−4）×13+1=79，（4−1）×10+13=43，10×10−13−4=83，（10+10）×（4−1）+13=73，共16个。

这一轮乙胜出。

♣ 游戏目的

识记质数，培养学生的观察能力、运算能力和创新思维。

◆ 游戏解答

略。

♠ 游戏说明

老师可以给出100以内的质数，供学生参考：2，3，5，7，11，13，17，

19，23，29，31，37，41，43，47，53，59，61，67，71，73，79，83，89，97。

本游戏也可降低难度，比如甲乙各摸 4 张牌等。

36. 猜中第五张（2）

♠ 游戏器具

一副扑克牌，去掉大小王。

♥ 游戏玩法

表演者让观众洗牌，牌背朝上，随机抽出 5 张扑克牌交给助手。助手请观众从 5 张牌中选一张盖住。助手看后依次将余下的 4 张牌面朝上置于桌上，表演者思考一会儿，能准确地说出 5 张牌的花色和点数。

♣ 游戏目的

理解排列组合、对应等知识，培养学生的观察能力和记忆能力。

◆ 游戏解答

游戏的关键在于助手的配合。

（1）4 张明牌，表演者与助手约定：不同花色，按"黑桃＜红心＜梅花＜方块"排序，小的在前，大的在后；同花色，按点数排序，小的在前，大的在后。

（2）设 4 张牌排序位置编码为 1234，1234 的所有排列共有 4！=24 种，故 4 张牌可以对应 24 个信息。

1234 → 1	2134 → 7	3124 → 13	4123 → 19
1243 → 2	2143 → 8	3142 → 14	4132 → 20
1324 → 3	2314 → 9	3214 → 15	4213 → 21
1342 → 4	2341 → 10	3241 → 16	4231 → 22
1423 → 5	2413 → 11	3412 → 17	4312 → 23
1432 → 6	2431 → 12	3421 → 18	4321 → 24

（3）约定：黑桃 A~K 依次对应"位序"1~13，红心 A~K 对应 14~26，梅花 A~K 对应 27~39，方块 A~K 对应 40~52。扣除 4 张明牌后，共需 52-4=48 个信息。

同时约定：4 张明牌在左边，盖住的牌在最右，对应 1~24；明牌 4 张在右边，盖住的牌在最左，对应 25~48，但要扣除"24"之后来对应，否则信息不够。

举例 1：观众抽取下图中的 5 张牌，盖住红心 2。

助手放牌如下图：

第一，红心 2，原本是第 15 位，黑桃 6 是明牌且在红心 2 之前，扣除后按"约定"，红心 2 在第 15-1=14 位；

第二，黑桃 6 → 1，红心 3 → 2，梅花 Q → 3，方块 5 → 4，而 3142 → 14，助手摆成上图。14 为红心牌，黑桃在红心之前，加回去是 15，对应红心 2。

举例 2：观众抽取下图中的 5 张牌，盖住方块 A。

助手放牌如下图：

第一，方块 A，原本是第 40 位，4 张明牌都在方块 A 之前，扣除后按"约定"，方块 A 在第 40-4=36 位，36-24=12；

第二，红心 2 → 1，红心 3 → 2，梅花 9 → 3，梅花 J → 4，而 2431 → 12，助手摆成上图。表演者一看盖住的牌在最左边，明牌对应 12，12+24=36，2 张明牌红心在 24 之内，加回去是 38，而明牌梅花 2 张也在 38 之内，再加回就 40，对应方块 A。（也可以直接加 4 评估）

37. 方阵寻牌

♠ 游戏器具

任意 16 张扑克牌。

♥ 游戏玩法

表演者将牌面朝下的 16 张牌摆成 4×4 方阵。观众当着表演者的面拿起方阵中的一张牌，假如是第三行第二列上的一张牌，观众看清牌面（比如红心 A），然后再将该牌放回原处。

之后，表演者开始按列收牌，即先收第一列第一行上的牌，牌面仍朝下，再收第一列第二行上的牌，放在第一张牌上，依次进行，直到收完所有牌。

表演者将收起的 16 张牌（牌面朝下）按顺序洗牌法洗几次，然后将这 16 张牌翻转，牌面朝上，然后将整叠牌自上而下按行发牌（从左到右放），这样发牌后，16 张牌组成 4×4 的新方阵（如下图）。

摆完后，表演者对观众说："你刚才选的那张牌是红心 A！""对！"观众点头称是。

你知道其中的奥秘吗？

♣ 游戏目的

感受周期之妙，培养学生的观察能力、记忆能力。

◆ 游戏解答

表演者要暗记原方阵中第一行第一列的那张牌，我们称其为"指示牌"。这里是方块 5。根据周期原理，方块 5 在新方阵中的"列"就是原方阵中的"行"，依周期，原方阵第三行就是新方阵的第四列；结合原方阵的第二列，依周期，便是新方阵中的第一行；既在第四列，又在第一行，自然是红心 A 了。

♠ 游戏说明

也可以这样理解：

方块 5，原（行，列）=（1，1）→新（行，列）=（4，2），行 +3，列 +1；

观众牌，原（行，列）=（3，2）→新（行，列）=（2+3，3+1）=（1，4）。

38. 看 2 知 3

♠ 游戏器具

一副扑克牌。

♥ 游戏玩法

表演者洗牌后，背对观众，请观众从牌背朝上的牌顶部取出 5 张牌，打乱，从左到右牌面朝上摆在桌上。助手将 5 张牌按原位——翻牌——将牌面朝下。

表演者面对观众，助手翻开其中 2 张，表演者就能准确推出牌面朝下的那 3 张牌。表演者是怎么做到的？

♣ 游戏目的

领悟数学理论的运用价值，体验魔术中的"数学味"，激发学生探索由游戏引发的深度研究，了解排列、单调性、数列和子数列。

◆ 游戏解答

原理：在由$(k-1)^2+1$（或更多）个互不相同的数字所组成的任意排列中，至少存在这样k个数：尽管它们不一定相邻，但却是按递增或递减的顺序排列的。因此，其中总会存在一个长度为k的子列，它要么是递增的，要么是递减的。

（1）本游戏中取$k=3$，即：在5个不同数的任意排列中，至少有3个数保持了数字的顺序，即要么是递增的，要么是递减的，即使它们彼此不一定相邻。

表演者事先将自己熟知的5张牌放在整副牌的顶部，如"桃2心3梅5方7桃J"——前5个质数和"桃心梅方"周期。如观众将牌如下图摆在桌上。

助手发现2、5、7递增，将5张牌翻转，然后当着表演者的面，从左到右（暗示"递增"）先翻开红心3，再翻开黑桃J，表演者从余牌2、5、7及"递增"的信息中，就能说中牌面朝下的3张牌。

如果观众将牌如下图摆在桌上。

助手发现J、7、5递减，随将5张牌翻转，然后当着表演者的面，从右到左（暗示"递减"）先翻开红心3，再翻开黑桃2，表演者从余牌5、7、J及"递减"的信息中，就能说中牌面朝下的3张牌。

表演者熟记的5个数，还可以是从斐波那契数列第2—7项〔1、2、3、5、

8、13（K=13）]中选5个，或从圆周率3.1415926中选取1、5、9、2、6，或手机号码后5位（确保数字都不同）等，尽量不让观众发现这5个数是精心挑选的。

特殊情况下助手也可以只翻一张。比如，选了手机号后5位数字0、4、9、8、2（这是我的手机号后5位），其中用小王表示0，观众可摆出02489，或20489，或90248……出现左边两张去掉一张后的4个数呈递增情况，助手就可以说："我翻开一张吧。"边说边翻开左边（暗示"递增"）第一张或第二张。表演者排除一张后，结合"递增"的信息就能准确说出牌面朝下的4张牌了。

类似地，观众摆出如98420，或98402，或84209……出现右边两张去掉一张后的4个递减情况时，助手就可以说："我翻开一张吧。"边说边翻开右边（暗示"递减"）第一张或第二张。表演者排除一张后，结合"递减"的信息就能准确说出牌面朝下的4张牌了。

当然，为能更多地创造"翻看一张"的效果，表演者和助手可以约定"翻看第三张摆放"为"递增"，"翻看第三张后转向摆放"为"递减"。比如，04289，助手把第三张的"2"翻开，表演者即知"递增"；84920，助手把第三张的"9"翻开且转一个方向摆放，表演者即知"递减"。

还有两种特殊的情况——观众摆出02489，或98420。助手将5张牌牌面朝下摆放好后，当着表演者的面，若翻看左边第一张，说："算了，不给你看估计你也能猜中！"左边暗示"递增"，表演者领悟——5张递增——02489；若翻看右边第一张，说同样的话，右边暗示"递减"，表演者领悟——5张递减——98420。

（2）当 $k=4$ 时，$(k-1)^2+1=10$，也就是说，10张牌就会出现4张递增或递减的，助手翻开6张牌，表演者就能推出4张牌；当出现5张牌递增或递减时，助手就可以翻开5张牌了。以此类推，可灵活地翻开尽可能少的牌。

有研究发现，在由13张牌所组成的13!种可能的排列中，至少5张牌（不一定彼此相邻）是递增或递减排列的概率约为98.4%。万一出现小概率事件——没有5张递增或递减的排列，助手可以将牌再拿给观众说："够呛，你再好好洗一下吧。"这样，助手就很可能找到5张牌是递增或递减的。

39. 钟表配对

♠ **游戏器具**

一副扑克牌。

♥ **游戏玩法**

表演者拿出一副扑克牌，交叉洗牌后，从牌背朝上的整副牌顶部取出 12 张牌，将牌平分成两堆各 6 张，然后交叉洗牌（因为张数少，若觉得交叉洗牌不好操作，可以考虑桌上玫瑰洗牌法洗牌），之后牌背朝上码齐这叠牌。

（注：桌上玫瑰洗牌法，即把扑克牌分成两堆，牌背朝上，左右并排放在桌子上，用左右手分别把牌搓捻成玫瑰形，然后把它们合在一起，这样就算一次洗牌。）

请观众从上到下取 6 张，表演者拿余下的 6 张。

表演者请观众翻看手中的牌，重新从小到大排序（若点数相同，则黑色牌在前），然后大家将牌摆成一个钟表圈，观众将牌按序摆在 1~6 点的位置，表演者将牌摆在 7~12 点的位置，如右图。

表演者请观众从 1~6 点的位置翻开一张牌，表演者在其正对面也翻一张牌，边翻边说："我翻的牌，点数一定和你的一样，花色一定'相反'——'你黑我红'或'你红我黑'。"比如，观众在 4 点的位置翻出一个黑桃 4，表演者就在正对面 10 点的位置翻出红心 4。最后，张张都能配成对。

你知道其中的奥秘吗？

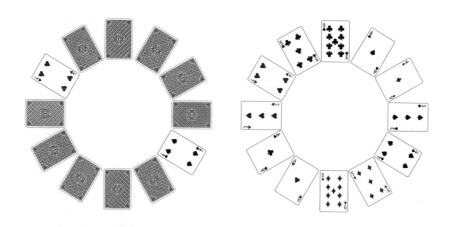

♣ 游戏目的

了解回文数的一些性质，体验对应，识记圆周率前六位数。

◆ 游戏解答

表演者的"洗牌"根本不是随意的，而是将 12 张牌按 3A4A5995A4A3 回文数排列，按序每三张一组花色，按"桃方梅心"给出。

可以证明，$2n$ 个回文数，一半（n 张）牌和另一半（n 张）牌进行交叉洗牌或桌面玫瑰洗牌后，前 n 张牌点数的集合与后 n 张牌点数的集合相同。这样，表演者自然就能配对了。

表演者还可以在观众取完 6 张牌后，大声说："你得到了一个'派'（π），看看是不是 3.14159 ？"观众一看，果然是！

表演者说："其实，我也得到一个 π，只不过和你的 π '反色'。"观众一看，依然是！比如下图。

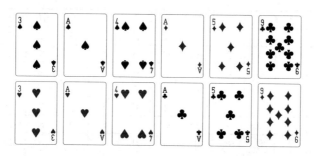

40. 1 对 13

♠ **游戏器具**

黑桃 A~K。

♥ **游戏玩法**

表演者洗牌：黑桃 A，2，…，K，牌背朝上，从上到下点数递增。把顶部的黑桃 A 放到桌子上，黑桃 2 移到手里这叠牌的底部，黑桃 3 放到黑桃 A 上面，黑桃 4 移到手里这叠牌的底部，直到手里的牌全部发完，13 张牌在桌子上又形成一叠牌。这称为一次洗牌。

表演者邀请 13 位观众参与，并为其编号：1~13。表演者每洗一次牌后，就请 13 位观众中的部分观众翻看与自己编号对应的牌。观众翻看后会惊奇地发现，他们翻看的牌的点数就是自己的编号。

你能破解其中的奥秘吗？

♣ **游戏目的**

感受周期，体验"变与不变"，培养学生的动手能力和数学实验能力。

◆ **游戏解答**

我们可以先观察 13 张牌洗牌后的变化：

初始	A	2	3	4	5	6	7	8	9	10	J	Q	K
1洗	10	2	6	Q	8	4	K	J	9	7	5	3	A
2洗	7	2	4	3	J	Q	A	5	9	K	8	6	10
3洗	K	2	Q	6	5	3	10	8	9	A	J	4	7
4洗	A	2	3	4	8	6	7	J	9	10	5	Q	K
5洗	10	2	6	Q	J	4	K	5	9	7	8	3	A
6洗	7	2	4	3	5	Q	A	8	9	K	J	6	10
7洗	K	2	Q	6	8	3	10	J	9	A	5	4	7
8洗	A	2	3	4	J	6	7	5	9	10	8	Q	K

所有牌的位置变化情况在这个表中都有出现：1 次一个循环有 2 组（2 和 9）；3 次一个循环有 1 组（5、8、J），4 次一个循环有 2 组（K、A、10、7 和 3、6、4、Q）。

1、1、3、4、4 的最小公倍数是 12。要找回初始牌序，需要洗 12 次牌。

2 和 9 是两个不变量。

1 洗后请 2 号观众看对应编号的牌（只看不动），2 洗后请 9 号观众看牌，3 洗后请 5 号、8 号观众看牌，4 洗后请 1 号、7 号、10 号、13 号观众看牌，5 洗轮空，6 洗后请 11 号观众看牌，7 洗轮空，8 洗后请 3 号、4 号、6 号、12 号观众看牌。

这样就能确保 n 号位的观众翻看第 n 张牌的点数也为 n。

♠ 游戏说明

若将上述洗牌次数减少到 4 洗，则 1 洗后请 2 号观众看对应编号的牌，2 洗后请 9 号观众牌，3 洗后请 5 号、8 号、11 号观众看牌，4 洗后剩余 8 位看对应编号的牌；若增加到 12 洗，则 1 洗后请 2 号观众看对应编号的牌，2 洗后请 9 号观众看牌，3 洗后请 5 号观众看牌，4 洗后请 1 号、13 号观众看牌，5 洗轮空，6 洗后请 8 号观众看牌，7 洗轮空，8 洗后请 3 号、7 号、10 号观众看牌，9 洗后请 11 号观众看牌，10 洗轮空，11 洗轮空，12 洗后请 4 号、6 号、12 号观众看牌。

4 洗简约，12 洗精彩。

拓展题

1. 三人分牌（1）

♠ 游戏器具

一副扑克牌。

♥ 游戏玩法

桌上放有若干张扑克牌。甲把这些牌平分成三份，发现还多了一张，就拿走了其中的一份和多出来的那张牌；乙把剩下的牌继续平分成三份，也多了一张，他也拿走了其中的一份和多出来的那张牌；丙把剩下的牌继续平分成三份，还是多了一张，他也拿走了其中的一份和多出来的那张牌。

你知道一开始最少有多少张牌吗？

♣ 游戏目的

感受"最少"，学会用整除性和方程解决问题。

◆ 游戏解答

设甲、乙、丙平分牌后每份分别是 x、y、z 张，则正整数 x、y、z 须满足：

$$\begin{cases} 3y+1=2x \\ 3z+1=2y \end{cases}$$

若 $z=1$，则 $y=2$，$2x=7$，不符合；若 $z=2$，则 $2y=7$，不符合；若 $z=3$，则 $y=5$，$x=8$，$3x+1=25$，符号。

所以，一开始最少有 25 张牌。

2. 三人分牌（2）

♠ 游戏器具

几副扑克牌。

♥ 游戏玩法

桌上放有一堆扑克牌。甲把这些牌平分成三份，发现还多了一张，就拿走了其中的一份和多出来的那张牌；乙把剩下的牌继续平分成三份，也多了一张，他也拿走了其中的一份和多出来的那张牌；丙把剩下的牌继续平分成三份，还是多了一张，他也拿走了其中的一份和多出来的那张牌。三人把剩下的牌又平分成三份，发现还是多了一张。

你知道一开始最少有多少张牌吗？

♣ 游戏目的

感受"最少"，学会用整除性和方程解决问题。

◆ 游戏解答

解法一：设四次平分的每份牌分别是 x、y、u、v 张，则正整数 x、y、u、v 须满足：

$$\begin{cases} 3y+1=2x \\ 3u+1=2y \\ 3v+1=2u \end{cases}$$

显然，y、u、v 只能是奇数。若 $v=1$，则 $u=2$，$2y=7$，不符合；若 $v=3$，则 $u=5$，$y=8$，$2x=25$，不符合；若 $v=5$，则 $u=8$，$2y=25$，不符合；若 $v=7$，则 $u=11$，$y=17$，$x=26$，$3x+1=79$。

所以，一开始最少有 79 张牌。

解法二：如果一开始这堆牌再多 2 张，则每次分牌都正好平分。设一开始有 $x-2$ 张，则最后一次分的时候每份牌有 $\frac{2}{3} \times \frac{2}{3} \times \frac{2}{3} \times \frac{1}{3} \times x - 1$ 张，也就是 $\frac{8x}{81} - 1$ 张。x 最小要取 81 才能使这个数是整数。因此，这堆牌至少有 79 张。

3. 谁持单张

♠ 游戏器具

一副扑克牌，去掉大小王。

♥ 游戏玩法

（1）取 17 副对子和 1 张单牌，甲乙丙轮流一张一张取牌，甲取了 12 张，乙也取了 12 张，丙取了 11 张。

（2）在把手中成对的牌拿出之后，每人手中至少剩下 1 张牌，而三人手中的牌的总数是 9 张。

（3）在剩下的牌中，甲和乙手中的牌合在一起能结成的对子最多，丙和甲手中的牌合在一起能结成的对子最少。

你知道唯一的单张牌在谁的手里吗？

♣ 游戏目的

学会奇偶分析，培养学生的计算能力和逻辑思维能力。

◆ 游戏解答

根据条件（2），三人手中剩下的牌总共可以配成 4 对；根据条件（3），甲乙可以配成 3 对，乙丙可以配成 1 对，丙甲配成 0 对。

根据以上条件推出，各对子分布情况如下（A、B、C、D 各代表一个对子中的一张牌）：

甲手中的牌：A、B、C；

乙手中的牌：A、B、C、D；

丙手中的牌：D。

根据条件（1）甲乙各有 12 张牌，丙有 11 张牌。因此，在把成对的牌拿出之后，丙手中剩下的牌是奇数，而甲乙手中剩下的牌是偶数。所以，单张牌在甲的手中。

4. 三人猜牌

♠ 游戏器具

一副扑克牌，去掉大小王。

老师给三个非常聪明的学生发牌，每人一张，并告诉他们三张牌的和是 14。

甲马上说："我知道乙和丙的牌大小是不相等的！"

乙接着说："我早就知道我们三张牌的大小都不相等了！"

丙听到后说："这下我知道我们每个人的牌多大了！"

你知道这三张牌是什么牌？

♣ 游戏目的

学会奇偶分析，培养学生的逻辑推理能力。

◆ 游戏解答

甲说："我知道乙和丙的牌大小是不相等的！"所以，甲的牌是奇数。只有这样才能确定乙、丙的牌的和是奇数，所以肯定不相等。

乙说："我早就知道我们三张牌的大小都不相等了！"说明他的牌是大于 6 的奇数。因为只有这样才能确定甲的奇数和他的不相等。而且一定比自己的小，否则和会超过 14。这样，丙的数字就只能是偶数了。

而丙说他知道每个人手上的数字，那他根据自己手上的数字知道甲和乙的数字和，又知道其中一个是大于 6 的奇数，且另一个也是奇数，可知这个和是唯一的，那就是 7+1=8。如果甲乙之和大于 8，比如 10，就有两种情况 9+1 和 7+3，这样，丙就不可能知道前两个人手中的牌。

因此，三个人手上的牌分别是 A、7、6。

5. 会得到 9

♠ 游戏器具

一副扑克牌。

♥ 游戏玩法

表演者把一副洗乱的牌交给观众，请观众随机选定三个相连的数（如 66、67、68），把它们相加得到 x（按例子是 201），求 x^2（按例子是 40401）。现在请观众求 x^2 各个位数上的数字和，直到得出一个比 10 小的数 y，然后表演者就可按照 y 说出扑克牌中的第 y 张牌是什么。

你知道其中的奥秘吗?

♣ 游戏目的

感受初等数论的妙趣，领悟 9 的一些性质。

♦ 游戏解答

三个相连的数之和 x，一定是 3 的倍数，x^2 一定是 9 的倍数，而能被 9 整除的数其各个位数上的数字之和必是 9 的倍数。

表演者在给观众牌之前，偷偷记住牌背朝上往下数的第九张牌。当观众说出那个比 10 小的数时——其实一定是 9，表演者就可报出自己事先偷记的那张牌。

6. 两堆牌取牌

♠ 游戏器具

一副扑克牌。

♥ 游戏玩法

有两堆牌，每堆若干张，两个人轮流从某一堆或同时从两堆中取同样多的牌，规定每次至少取一张，多者不限，取走最后一张牌者得胜。

请问：谁能获胜？有没有必胜策略？

♣ 游戏目的

培养学生的对策意识和对等意识。

假设先拿的人为甲，后拿的人为乙。

若两堆牌数相同，甲直接全部拿走即可。

若两堆牌数不同，设一堆有 a 张，另一堆有 b 张，且 $a>b$。

若 $a<2b$，甲从两堆中各取走同样数量的若干张牌，使剩下的一堆数量是另一堆数量的 2 倍。以后每轮无论乙怎么拿，甲都保持拿完后一堆数量是另一堆数量的 2 倍。直到甲拿完后一堆剩 1 张、一堆剩 2 张。此时无论乙怎么拿，甲都能把剩下的全部拿走从而获胜。

若 $a>2b$，甲从多的那堆取走若干张牌，使剩下的数量是另一堆数量的 2 倍。以后采用上述策略即可获胜。

若 $a=2b$，则无论甲第一次怎么取，乙都可以用上述策略获胜。

结论：当开始的时候，其中一堆的数量正好是另一堆数量的 2 倍时，后拿的人有必胜策略，其他情况都是先拿者有必胜策略。

7. 扑克残局

♠ 游戏器具

一副扑克牌。

♥ 游戏玩法

甲、乙两人打牌进入残局。

甲手里的牌：王、A、A、A、K、K、K、J、J、J、J、8、8、6、6、4、4。

乙手里的牌：2、2、Q、Q、Q、9、9。

规则：几张牌只能管几张，不能炸，不能三带二或三带一，2>A，可出单张、对子或三张。

请问：甲先出，应该怎么出牌才能赢呢？

培养学生的分类意识和对策思维能力。

◆ 游戏解答

甲第一张出 8（6 或者 4 一样道理），然后：

（1）乙明显不能拆 9，否则甲会出 A，然后乙出 2，甲出王；甲打小对，乙无论如何也管不住。

（2）乙也不能拆 2，否则甲出王以后，会打小对。如果乙出对 9，甲出对 J，后面就简单了。

（3）乙如果不要，甲继续出 8。乙继续不要甲就拆 6，然后是 4。

（4）乙如果出 Q，甲会出 A，乙如果出 2，甲出王，以后同（2）的推理一样。如果乙不要，甲可继续出 8，乙只能出 Q，此时甲出 A。乙还是不能拆 2。甲继续出 6，乙出 Q，甲出 A。2 还是不能拆。甲继续出 6，以后的出牌方法同上面推理一样。

8. 抢牌

♠ 游戏器具

一副扑克牌。

♥ 游戏玩法

一副牌共 54 张。甲乙两人轮流从中取走 1 张、2 张或 4 张牌。取到最后一张牌的人输。

请问：玩这个游戏的两人中是否必定会有一人赢？如果是，是先拿的人赢，还是后拿的人赢？

♣ 游戏目的

培养学生的分类意识和对策思维能力。

◆ 游戏解答

甲先拿 2 张,以后根据乙的三种情况采取不同策略:

乙拿 1 张,甲拿 2 张;乙拿 2 张,甲拿 1 张;乙拿 4 张,甲拿 2 张,即每次保持和乙拿的总数一定是 3 或 6。由于 52 除以 3 还余 1,而每轮甲乙拿的总数是 3 的倍数,所以最后一定会给对方留下 1 张或 4 张,乙必输。

9. 三堆牌取牌

♠ 游戏器具

几副扑克牌。

♥ 游戏玩法

有三堆牌,每堆若干张,甲乙两人轮流从某一堆中取任意多的牌,规定每人每次至少取一张,多者不限,取走最后一张牌者得胜。

请问:谁能获胜?有没有必胜的策略?

♣ 游戏目的

认识二进制在实际问题中的巧妙运用。

◆ 游戏解答

假设先拿的人为甲,后拿的人为乙。将三堆牌各自的张数转化为二进制样式,并计算三个二进制数中每位数上"1"的个数。

甲先取若干张牌,并保证剩下的牌数转化为二进制后,每位数上"1"的个数都是偶数,那么无论乙怎么取,剩下的牌数转化为二进制后,每位数上"1"的个数都是奇数。甲保持这个策略到最后就能获胜。

结论:三堆牌各自的张数进行二进制转化,并计算三个二进制数中每位数上"1"的个数。若为奇数,先取的人有必胜策略;若为偶数,后取的人有必胜策略。

10. 四个数之和

♠ 游戏器具

一副扑克牌，去掉大小王。

♥ 游戏玩法

表演者拿出一副扑克牌（去大小王），对观众说规则：不同的数可以用对应的纸牌堆来表示。比如，43 可以用一堆 4 张牌和一堆 3 张牌来表示。请四位观众每人选择一个数，并根据这个数做出两堆相应的纸牌：第一位观众在 10~19 中选择一个数，第二位观众在 20~29 中选择一个数，第三位观众在 30~39 中选择一个数，第四位观众在 40~49 中选择一个数。表演者在观众选牌时背对观众。

做好之后，表演者转过身，面对观众，请他们计算这 4 个数的和。表演者再次背对观众，在此之前需悄悄地数一下剩余的牌的数量。随后，表演者能准确报出这 4 个数的总和。

你能破解其中的奥秘吗？

♣ 游戏目的

学会代数推理，感受数学中的"变与不变"。

♦ 游戏解答

假设这 4 个数是 $1a$、$2b$、$3c$、$4d$。它们的总和是：$10+a+20+b+30+c+40+d=100+(a+b+c+d)$；

做成堆的牌的张数为：$1+a+2+b+3+c+4+d=10+a+b+c+d$；

这副牌此时剩下的张数为：$52-(10+a+b+c+d)=42-(a+b+c+d)$；

4 个数的总和与剩下的牌的张数之和是：$100+(a+b+c+d)+42-(a+b+c+d)=142$。

因此，不管四位观众选择多少张牌，这个数总是不变的！

有了"142"不变量，表演者就可以表演这个魔术了，即心算一下 142 减去剩下来的牌的数量。

比如，观众选择了 12、23、34、45，它们的总和是 114，会用 24 张牌来生成，表演者只要数出剩下的牌是 28 张，然后心算 142-28=114，便可准确报出。

11. 算出抽牌

♠ 游戏器具

一副扑克牌，去掉大小王。

♥ 游戏玩法

每张牌都对应一个值，其中 A~10 的牌按点数，J=11，Q=12，K=13。

给每一种花色分配一个值：黑桃（T）为 6，红心（X）为 7，梅花（M）为 8，方块（F）为 9，即"桃心梅方 6789"。

表演者说规则：（1）任选一张牌；（2）在牌面原来的值上加比它大 1 的纸牌的值（比如选择的是一张 8，那么就加上 9）；（3）把结果乘以 5；（4）加上花色的值（6~9）。告知表演者算出的结果。

如果观众的答案是 63，表演者宣布观众选择的牌是梅花 5。

你知道其中的奥秘吗？

♣ 游戏目的

感受代数推理的奥秘，培养学生的抽象运算能力。

♦ 游戏解答

设观众选的牌的点数为 x，花色为 y，则 $5(x+x+1)+y=63$，有 $10(x+1)+(y-5)=63$，可得 $x+1=6$，$y-5=3$，即 $x=5$，$y=8$。所以，观众选择的牌为梅花 5。

12. 五打一（2）

♠ 游戏器具

一副扑克牌。

♥ 游戏玩法

1个庄家对战5个闲家，庄家手里只剩一张Q，5个闲家的顺序和牌分别如下。

甲：3、4、K；

乙：J、J；

丙：3、4、Q；

丁：9、9；

戊：10、10、Q。

其中K最大，3最小，可出单张或对子。甲先出牌，然后按乙、丙、丁、戊、庄家的顺序轮流出牌。

请问，5个闲家能否把手里的牌全部出完而获胜？

♣ 游戏目的

培养学生的观察能力、推理能力和对策思维能力。

♦ 游戏解答

甲：4→丙：Q→甲：K→甲：3→丙：4→丁：9→戊：Q→戊：10、10→乙：J、J→丙：3→丁：9。

13. 要红心A

♠ 游戏器具

如右图所示的3张扑克牌。

❤ 游戏玩法

甲说，他手里有一张红心 A、一张梅花 3、一张黑桃 4。现在甲表示，只要乙讲一句真话，他就给乙一张牌，可是没有说是哪一张。但如果说的是假话，就不给牌。

请问：要讲什么话，甲就一定会给红心 A？

♣ 游戏目的

感受数学悖论，培养学生的思维能力。

◆ 游戏解答

乙说："你不会给我梅花 3 或黑桃 4。"

14. 再玩第 19 张牌

♠ 游戏器具

一副扑克牌。

❤ 游戏玩法

表演者事先备好 12 张牌，牌面朝上，从上到下的点数依次为：2、3、4、4、5、6、6、7、8、8、9、10，然后牌背朝上，放在桌上。

表演者将剩余的牌交给观众洗，背对观众，请观众选 20~29 张牌，并记住与所选牌数的个位和十位数字相加之和所对应的位置的那张牌，从底部往上数。比如，观众选 24 张牌，2+4=6，观众要记住从下往上数的第六张牌。然后把所选的牌放到 12 张牌的那叠牌的底部，以防表演者看出自己选了多少张牌。

表演者面对观众，把牌上面的 12 张牌一张一张地从左往右发，发成三堆。

表演者请观众随便选择三堆牌中的一堆，把上面的一张牌移到底部。然后让观众选择另外一堆牌，把上面的两张牌同时移到底部，再把最后一堆牌上的三张牌同时移到底部。观众把此时三堆牌上的顶牌分别翻开，相加得出总数（观众会算出 21，表演者先不就此发表评论）。然后表演者请观众选择其中的一堆牌，把这堆牌的底部一张牌拿来替换顶部已经翻过来的牌。观众必须重新计算新的翻过来的三张牌的总数（观众会算出 19，表演者还是不发表评论）。

表演者继续发牌，直到发到与观众第二次算出的总数（19）相对应的牌数，把第 19 张牌翻过来：这张牌正是观众看过的那一张。

你能破解其中的奥秘吗？

♣ 游戏目的

初识"变与不变"，学会代数推理。

◆ 游戏解答

本游戏的关键是利用了两个不变量。

观众并不知道他在这种方法下看的牌是从上往下数的第 19 张，也不知道 19 这个数是不变的——无论选择了多少张牌。比如，观众选择了 25 张，从下往上数的第七张牌也是从上往下数的第 19 张牌；假如观众选择了 26 张牌，从下往上数的第八张牌还是从上往下数的第 19 张牌。

数学原理：$20+n-(2+n)=18$，即观众记住的牌，上面有 18 张牌，观众记住的牌就是第 19 张牌。

这是这个游戏的第一个不变量。

在三堆牌的变化中，也蕴藏着一个不变量。

推演过程如下：

原始状态：

堆 1	堆 2	堆 3
10	9	8
8	7	6
6	5	4
4	3	2

第一次移牌后：

堆 1	堆 2	堆 3
4	5	6
10	3	4
8	9	2
6	7	8

移动某一堆的底牌后（此处为堆 3）：

堆 1	堆 2	堆 3
4	5	8
10	3	4
8	9	2
6	7	6

三堆牌分别往底部移牌后，顶牌的和为 6+7+8=21。选择其中一堆的顶牌和底牌交换，和为：6+7+6=19，或 4+7+8=19，或 6+5+8=19。结果总是 19。

其实，原始状的三堆牌的顶牌总和是 4+3+2=9。每一堆牌中的数都是差为 2 的等差数列，把一张牌从顶部移到底部就是把顶牌点数增加 2，移动两张牌就是把顶牌点数增加 $2 \times 2=4$，移动三张牌则增加 $3 \times 2=6$。三个数的和就增加了 2+4+6=12，于是总数变成 9+12=21。

当我们随意把一堆牌中的顶牌和底牌进行交换，相等于减去 2 个点数——刚好是这两张牌之间的差，所以无论是交换哪一堆牌，总数都是从 21 变成了 19。

这是这个游戏的第二个不变量。

15. 只移一张

♠ 游戏器具

一副扑克牌。

♥ 游戏玩法

将扑克牌摆成下图所示的样子，只移动一张牌的位置，使等式成立，如何移动？

♣ 游戏目的

将乘方知识引趣，防止思维定式。

◆ 游戏解答

16. 庄家分牌

♠ 游戏器具

部分扑克牌。

♥ 游戏玩法

桌上有一些扑克牌，庄家分牌，如果每个人分1张牌还剩1张牌，如果每个人分2张还少2张牌。

请问，一共有几个人？桌上有几张牌？

培养学生运用方程解决问题的能力。

◆ 游戏解答

设一共有 x 个人，y 张牌，则

$$\begin{cases} x = y - 1 \\ 2x = y + 2 \end{cases}, \quad \begin{cases} x = 3 \\ y = 4 \end{cases}$$

所以，一共有 3 个人，桌上有 4 张牌。

17. 11 的倍数

♠ 游戏器具

黑桃 A～9。

♥ 游戏玩法

用 9 张牌的点数构成一个九位数，使其成为能被 11 整除的最大九位数。

♣ 游戏目的

了解能被 11 整除的数的性质，培养学生"逐次逼近"的意识。

◆ 游戏解答

能被 11 整除的最大九位数的 9 张牌排列顺序如下图，牌点所组成的九位数 987652413 是能被 11 整除的最大的九位数。

一个数能被 11 整除，表示这个数的所有奇数位上的数之和减去所有偶数位上的数之和所得的差是 11 的倍数。

9 张牌能构成的九位数最大者应为 987654321，但它的奇数位上的数之和为 25，而偶数位上的数之和为 20，两者之差等于 5，不是 11 的倍数，故它不能被 11 整除。

现在是想想怎样将 "987654321" 最大限度地保持前几位不变，而只对剩下的后几位进行重新组合，使其奇数位上的数之和减去偶数位上的数之和的差刚好为 11 的倍数。

显然，若对 "987654321" 前七位保持不动，而只对后两位进行重组，或者对 "987654321" 前六位保持不动，只对后三位进行重组，都达不到上述目的，若保持 "987654321" 前五位 "98765" 不动，这五位数的奇数位上的数之和减去偶数位上的数之和所得的差为 7，而后四位数 4321 共有 24 种组合，其中奇数位上的数之和减去偶数位上的数之和，所得差为 4 共有 4 个，即 1324、1423、2314、2413，显然 2413 最大，因此，987652413 就是能被 11 整除的最大九位数。

18. 52！

♠ **游戏器具**

一副扑克牌，去掉大小王。

♥ **游戏玩法**

以下三个数字，哪个最大？

（1）宇宙中恒星的数量。

（2）大爆炸距今有多少秒（大爆炸为宇宙世界的开始）。

（3）52 张扑克牌的排列方式。

感受排列和阶乘，体验数字之"大"。

◆ 游戏解答

（1）据天文学家估计，宇宙中全部恒星的数量约为 10^{23}。

（2）天文数据表明，宇宙的年龄约为 138 亿岁，也就是不到 10^{18} 秒。

（3）52 张扑克牌的排列方式有 $52! \approx 10^{68}$。

事实上，10^{68} 与 10^{18} 之间的差距简直是天壤之别，所以我们每次洗牌都可能遇到史无前例的排列方式。换句话说，每次洗牌，我们都是在创造历史！

19. 猜一组牌

♠ 游戏器具

任意 20 张扑克牌。

♥ 游戏玩法

把 20 张扑克牌分成 10 组，每组 2 张，排在桌上。观众认定其中的一组，并记住这 2 张牌。

表演者将牌牌面朝上按序收起，并按下图编号顺序放牌。

1	2	3	5	7
4	9	10	11	13
6	12	15	16	17
8	14	18	19	20

只要观众说出他认定的牌在哪一行或哪两行里，表演者就知道是哪两张牌。

你知道其中的秘密吗？

♣ 游戏目的

培养学生的观察能力、推理能力和记忆能力。

◆ 游戏解答

某组牌的位置情况如下：

（1）若在某一行里，有 4 种情况：①第一行在第一、第二列；②第二行在第二、第三列；③第三行在第三、第四列；④第四行在第四、第五列。

（2）若在某两行里，有 6 种情况：①第一、第二行在"一 3 二 1"（即第一行的第三列、第二行的第一列，后面类似）；②第一、第三行在"一 4 三 1"；③第一、第四行在"一 5 四 1"；④第二、第三行在"二 4 三 2"；⑤第二、第四行在"二 5 四 2"；⑥第三、第四行在"三 5 四 3"。

♠ 游戏说明

《数学游戏与欣赏》一书给出这类问题的一般情况和证明方法，感兴趣的读者可参阅。

20. 蒙目洗牌法

♠ 游戏器具

一副扑克牌，去掉大小王。

♥ 游戏玩法

表演者任选 32 张牌，为增强表演效果，可以让观众背一句七言唐诗，数出第 7 张，让观众记住这张牌。表演者按蒙目洗牌法洗完 32 张牌后，背一首五言唐诗，数出第 20 张，就是观众记住的那张牌。

这是为什么？

♣ **游戏目的**

感受奇偶分析和方程思想，培养学生的推演能力。

◆ **游戏解答**

一副 $2p$ 张的牌用蒙日洗牌法洗一遍后，原来的第 x 张变成第 y 张。当 x 为奇数时，$y=\dfrac{1}{2}(2p+x+1)$；当 x 为偶数时，$y=\dfrac{1}{2}(2p-x+2)$。

例如，一副 52 张的扑克牌，蒙日洗牌法洗一遍后，第 18 张仍是第 18 张；任意 32 张扑克牌，蒙日洗牌法洗一遍后，第 7 张与第 20 张交换了位置（这就是本游戏的秘密）。

♠ **游戏说明**

如果牌的总数为 2^n 张，那么洗 $n+1$ 次就可以恢复原来的顺序。比如，32 张牌，洗 6 次就可以恢复原来的顺序。由此，我们就可以生成适合中学生玩的新游戏。又如，8 张牌，洗 4 次就可以恢复原来的顺序。由此，我们就可以生成适合小学中高年级学生玩的新游戏。

21. 数值最大

♠ **游戏器具**

4 张点数为 2 的扑克牌（4 种花色）。

♥ **游戏玩法**

摆成一个数（允许乘方），使其值最大。

♣ **游戏目的**

掌握比较大小的证明，防止思维定式。

◆ **游戏解答**

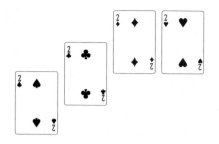

♠ **游戏说明**

本游戏还可以考虑 3 个 A，或 3 个 2，或 3 个 3，或 3 个 4，或 3、4、5 各一个，摆成一个数（允许乘方），使其值最大。

主要参考文献

［1］科尔姆·马尔卡希.扑克魔术与数学——52 种新玩法［M］.肖华勇，译.北京：机械工业出版社，2018.

［2］罗纳德 J.古尔德.让你爱上数学的 50 个游戏——藏在魔术、纸牌、体育项目中的秘诀［M］.庄静，译.北京：机械工业出版社，2015.

［3］于雷，徐杰.优等生必玩的扑克游戏——培养数学思维［M］.北京：清华大学出版社，2021.

［4］李洁.让你一学就会的 101 个小魔术［M］.北京：台海出版社，2018.

［5］李玉新.数之乐：玩着游戏学数学［M］.北京：科学出版社，2017.

［6］刘国光.趣味数学——扑克游戏全攻略［M］.北京：航空工业出版社，2004.

［7］沉雷.扑克魔术 100 例［M］.北京：中国文联出版公司，1985.

［8］多米尼克·苏戴.数学魔术师：84 个神奇的魔术戏法［M］.应远马，译.上海：上海科学技术文献出版社，2021.

［9］劳斯·鲍尔，考克斯特.数学游戏与欣赏［M］.杨应辰，等译.上海：上海教育出版社，2015.

［10］宁平，等.一学就会的 100 个扑克魔术［M］.北京：化学工业出版社，2021.

［11］管珂.图解魔术［M］.北京：中国华侨出版社，2017.